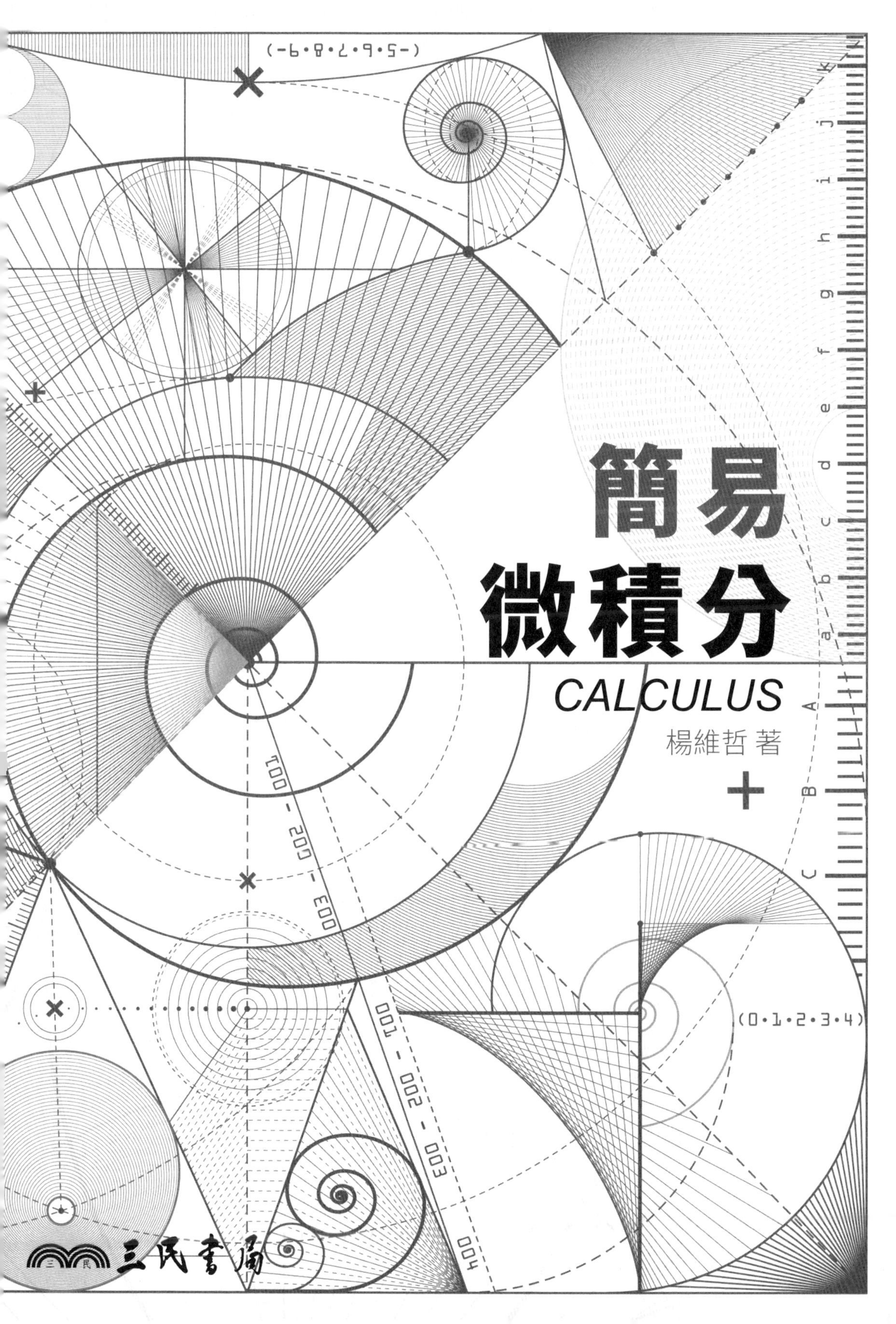
簡易
微積分
CALCULUS
楊維哲 著
三民書局

# 序

本書有個簡單的歷史。原本 1985 年三民書局請我寫了一本書，叫做商用數學。那是根據當時的部定課程標準，讓大學裡頭的商業科系使用的（大一？）教科書。照課程標準，書分成兩半。一半是所謂（= 真正的）「商用數學」。(這涵蓋了 : 複利、年金、年賦償債、折舊、生命年金，一直到人壽保險。）另一半是「商用微積分」。

微積分就是微積分。加上一個形容詞「商用」，意思只是：舉例子不可以講物理。我們臺大的商科（現在叫做管理學院）在當時應該沒有這樣的課程吧。我們臺大教務處的語彙是「微積分乙」。有別於「微積分甲」，甲或乙之分，則是：(兩學期，）每學期 4 學分或 3 學分。

經過 30 年了，恰好碰到一個馬上要去念大一商科的小孩子。要在開學前讀好數學，她爸爸找我推薦一本書。我打電話到三民書局來索取這本老書。最後三民編輯部的輾轉奉命回答的人說「絕版了」。順便說：「劉先生問是否可以再版」。我說：「不要再版吧」。他接著說：劉先生的意思，是否就重新寫一本「(為商科學生用的）微積分」? 我說：我有兩個條件。其一是：就以那（半冊的）商用微積分為本，只做最低程度的修改。條件之二是：我只要改寫的部分的稿費。於是就被勾住了。在三民書局一甲子慶的賀文中，我已經預告了這一本三民書局的「微積分乙」的書。

編輯部說沒有找到我那本書的 LaTex 的原始檔。這本書只存有他們（依照三民的格式！）的 word 檔。我很難利用。最後他們把找到剩下的書，送了兩本過來，意思是我可以用剪貼的方式來工作。

但是一開始工作之後，馬上就發現必須整個改寫預備知識，解釋極限與連續性，尤其要著重解釋指數函數。所以我所花的時間，主要都是為了全書理路的一貫性。

我以為：讀「微積分乙」，重點反倒不應該是種種「技巧」，而是基本的觀念。

我希望以本書來自修的讀者（學生），乃至於採用本書做教本的教師，知道本書這個宗旨。

## 勉勵詞

1. 和到此為止所遇到的數學，(三角、代數、幾何，) 比較起來，微積分是最容易的題材！
2. 如果你遇到的試題，看起來很煩，你要知道：任何命題者出了一道**煩繁的**題目，那麼，它一定是**煩而不難**！

   心理面喊三聲：只要脾氣好！只要脾氣好！只要脾氣好！

   你一定解得出來！

## 懷　念

書稿寫完，但是振強先生已經仙去。

啊！偉大的劉先生！

志慮純一，堅持正道。

兩個禮拜前，早餐時，看到三民書局員工們的啟事。讓我呆住了一回。

藉著這個序的末尾，我想勉勵仲傑：

令先尊是大人物。創建了這樣可以匹敵岩波的巨構。

我相信：你一定可以

平心靜氣，清解橫逆。

**楊維哲**

2019.5.31

# 目　次

## 第 6 章　積分法



## 第 7 章　積分補遺



## 附錄

# 第 0 章 預備

## §0–1 指數的定律

一般而言，一個實數 $a$ 自乘 $n$ 次，我們就把 $n$ 寫在 $a$ 的右肩上，即 $a^n$ 來表示。換句話說，我們定義

$$a^n := \overbrace{a\times a\times\cdots\times a}^{n\text{ 個}}$$，$a^n$ 唸做「$a$ 的 $n$ 次方」

其中 $a$ 叫做**底數**，$n$ 叫做**指數** (exponent) 或乘冪。例如，在 $2^5$ 的表式中，2 為底數，5 為指數，結果是 $2^5=32$。

【注意】一個數的 1 次方，按定義就等於自身，如 $7^1=7$。指數 1 有寫等於沒寫。

**問** ——— (i)為何 $(3^8\times 3^4)\div 3^{10}=9$？

(ii)為何 $9^3=3^6=27^2$？

(iii)為何 $6^3\times 4^2\div 3^3=(2^3\times 3^3)\times 2^4\div 3^3=2^7$？

(iv)為何 $(-8)^3=-8^3$？ $(-5)^4=5^4$？

這些等式都牽涉到（第一，第二及第三）指數定律。

**答** ———

(i) $\begin{cases} a^m\times a^n=a^{m+n} & \text{（指數加法律）}\\ a^m\div a^n=a^{m-n} & \text{（指數減法律）}\end{cases}$

(ii) $(a^m)^n=a^{m\times n}$（指數乘法律）

(iii) $(a\times b)^n=a^n\times b^n$（底數乘法律）

(iv)這是底數乘法律的特例：$a=-1$

因為指數減法律涉及除法，我們以下就先排斥掉底數 $a=0$

的狀況不談，又配合(iv)，我們就乾脆限定底數 $a$ 為正。於是：對於任意的**實數**註 1 $n$，不必是自然數，都可以定義 $a^n$，而且讓上述定律都說得通！這裡的要點是：只要 $a>0$，$n$ 是自然數，則

$a^0 := 1$

$a^{-n} := \frac{1}{a^n}$

$a^{\frac{1}{n}} := a$ 開 $n$ 次方，亦即是使得其 $n$ 次方等於 $a$ 的那個數。

當然大家都很熟悉（請填空！）

$2^{\frac{1}{2}} = \sqrt{2} =$ ________ $3^{\frac{1}{2}} =$ ________

於是對於任意的**有理數** $x$，如果不是整數的話要如何定義 $A^x$ 呢？只要將 $x$ 寫成**最簡分數** $x = \frac{m}{n}$，（$n$ 是自然數 $>1$，$m$ 是整數，）則 $A^x = \sqrt[n]{A^m}$。

如果指數 $x$ 不是有理數，要如何定義 $A^x$ 呢？這裡用到**稠密性原理**：任何一個實數 $x$，都可以用**有理數列**

$$\xi_1, \xi_2, \xi_3, \cdots$$

來逼近（趨近），也就是有

$$x = \lim_{n\to\infty} \xi_n \qquad [1]$$

那麼我們就可以定義

$$A^x := \lim_{n\to\infty} A^{\xi_n} \qquad [2]$$

---

註 1 現在的（工程與科學所用的）電算器都有開平方與開立方的函數鍵，至於平方立方及倒數鍵更不用講了，所以 $n = -1, 2, 3, \frac{1}{2}, \frac{1}{3}$，都是單鍵操作。至於更一般的 $x^y$ 是兩鍵操作。

先說稠密性原理，這倒是很容易理解的：因為對於任意一個實數 $x$，我們都可以將它用十進位的寫法做展開。(例如：$\sqrt{10}=3.16227766\cdots$。) 如果用 $\xi_n$ 表示這個展式到第 $n$ 位小數為止的這段，(例如：$\xi_1=3.1,\ \xi_2=3.16,\ \xi_3=3.162,\ \cdots$。) 那麼

$$|x-\xi_n|\le 10^{-n}$$

當然我們就理解到：這個數列 $\xi_n$ 果然是趨近 $x$，但是，每個 $\xi_n$ 都是有理數。所以說：每個實數 $x$ 都可以用某個**有理數列**來逼近：

$$\lim_{n\to\infty}\xi_n=x$$

這裡要求 $\xi_1, \xi_2, \cdots$ 的每項都是有理數，只是讓數列

$$A^{\xi_1},\ A^{\xi_2},\ A^{\xi_3},\ \cdots$$

有定義。

接著進一步要思考的就是連續性的問題了：當 [1] 式成立的時候，是否 [2] 式的定義就行得通呢？沒有錯！只是這些冗長的論證我們就省略了。這裡只指出一點：

如果底數 $A>1$，則有遞增單調性：

$$\text{當 } \xi>\eta\text{，則 } A^{\xi}>A^{\eta}$$

如果底數 $0<A<1$，則有遞減單調性：

$$\text{當 } \xi>\eta\text{，則 } A^{\xi}<A^{\eta}$$

這樣的**單調性**是解決連續性問題的關鍵！

例如：$A=3.21,\ x=\sqrt{10}$

| | |
|---|---|
| $3.21^{3}=33.07616$ | $3.21^{3.162}=39.95479553$ |
| $3.21^{3.1}=37.16769259$ | $3.21^{3.1622}=39.96411624$ |
| $3.21^{3.16}=39.8617079$ | $3.21^{3.16227}=39.967379$ |

結果：$3.21^{\sqrt{10}}=39.96773606\cdots$

總而言之，我們對於任何的實數 $A>0$，以及任何實數 $x$，都定義了 $A^x$。這樣的定義會讓**指數三律**成立，而且會讓**單調性**成立。

【對指數記號的補充註解】從小學起就學到了平方與立方，我們也背公式，如 $V=\ell^3$, $A=\pi r^2$。例如，一個邊長為 $\ell=2$ 公尺的立方體體積 $V$ 等於邊長自乘三次：

（在小學時，就寫）$2\times2\times2=8$ 立方公尺

其實，這樣的寫法不太好。在小學時也許不用記號 $V$, $\ell$，那麼上式中最右側的單位「立方公尺」，最好是加上**括號**，並且**解釋成**「附註單位」。到了中學以上，當你寫 $V=\ell^3$ 時，$\ell$ 不是 2，而是 2 公尺，當然 $V\neq2\times2\times2$，而且 $2\times2\times2\neq8$(公尺)$^3$，$V=(2$ 公尺$)^3=8$ 立方公尺才正確！

在科學公式中的平方與立方的操作，都是連同**單位**一齊適用的！都用到**底數乘法律**(iii)，這件事必須牢記在心。在這個例子中，$\ell=2$ 公尺 $=6.562\text{ft}$。於是

$$V=\ell^3=(6.562\text{ft})^3=282.5\text{ft}^3$$

切記：**不是**只有純數才可以**平方**、**立方**，是那個量在平方、立方。

和這件事同樣重要的是：永遠不要說「三角形的內角和等於一百八十」。那個「度」字的省不省略，不是由你高興決定的。這是強迫性的**不可省**。

## §0–2 指數函數的圖形

【可許的底數】我們已經解釋過：若 $B>0$，對於任何實數 $x$，都可以定義 $B^x$，讓 $x$ 作為自變數（而固定 $B$），這樣就得到了「以 $B$ 為底的」指數函數。

如果 $B=1$，這個函數實在無聊：函數值永遠是 1。不值得討論！以下限定：$B>0,\ B\neq 1$。這樣的 $B$ 叫做可許的 (admissible) 底數。

【變數的代換】現在我們看看兩個底數不同的指數函數的圖解，如下圖是 $y=\sqrt{2}^x$（左），$y=4^x$（右）的圖解。

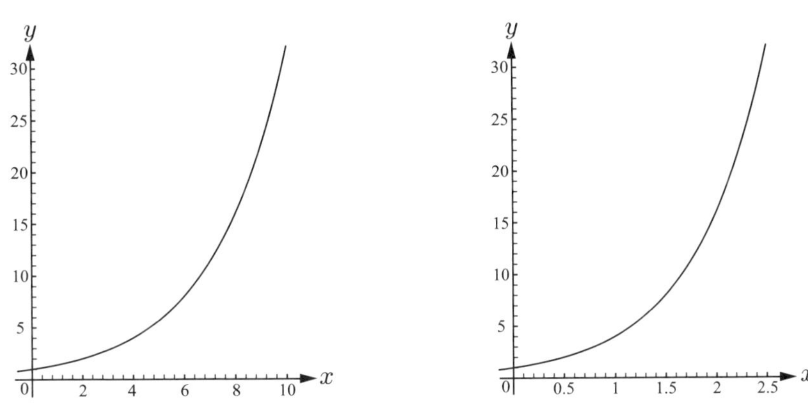


左右函數的底數雖然不同，但兩條曲線看起來是一樣的！只是橫軸上的尺度不同！

事實上，若先把右圖的兩軸變數改寫為 $(X, Y)$，那麼這曲線是 $Y=4^X$，我們可以將這個式子變換成 $y=\sqrt{2}^x$。首先設 $Y=y$，接著只要有 $4^X=\sqrt{2}^x$ 就好了！因為 $4=2^2=(\sqrt{2}^2)^2=\sqrt{2}^4$，那麼根據第二指數定律

$$4^X=(\sqrt{2}^4)^X=\sqrt{2}^{4X}$$

因此，只要 $4X=x$ 就好了！

要弄懂這一段「變數代換」的意義：如果已經有畫好的一個指數函數的函數圖 $y=\sqrt{2}^x$（如左圖），那麼要畫另外一個指數函數的函數圖 $y=4^x$（只是底數由 $\sqrt{2}$ 改為 4）。我們只要把左圖影印一份，在拷貝上，本來寫 $x$ 的地方，改寫為 $X$，只是這 $X=\dfrac{x}{4}$，這樣子就得到所要的函數圖（如右圖）了。

【換底公式的妙用】以上這個例子其實是個通則：
如果畫好了一個（可許底數 $A$ 的）指數函數的圖 $y=A^x$，那麼要畫另外一個（可許底數 $B$ 的）指數函數的圖 $y=B^x$，就只要改變橫軸上自變數的尺度！先寫出 $B=A^\alpha$，則：$B^x=A^{\alpha\cdot x}$。把本來寫 $x$ 的地方，改寫為 $X=\frac{x}{\alpha}$ 就好了！

【底數小於 1】前面兩個指數函數的例子，底數不同，但是都大於 1，現在改為小於 1，請參看下圖。(左：$y=(\frac{1}{\sqrt{2}})^x$；右：$y=(\frac{1}{4})^x$。)

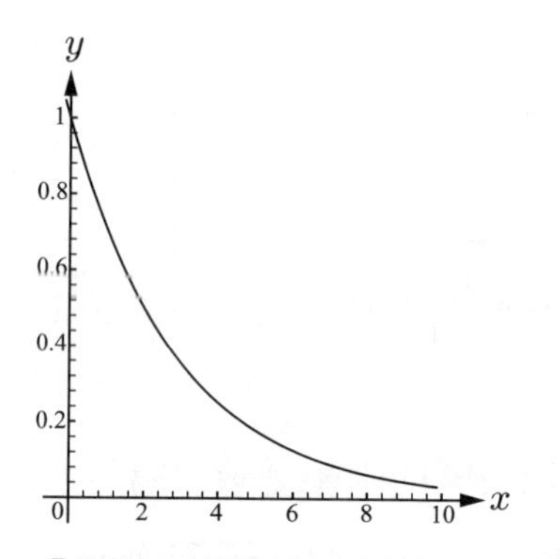


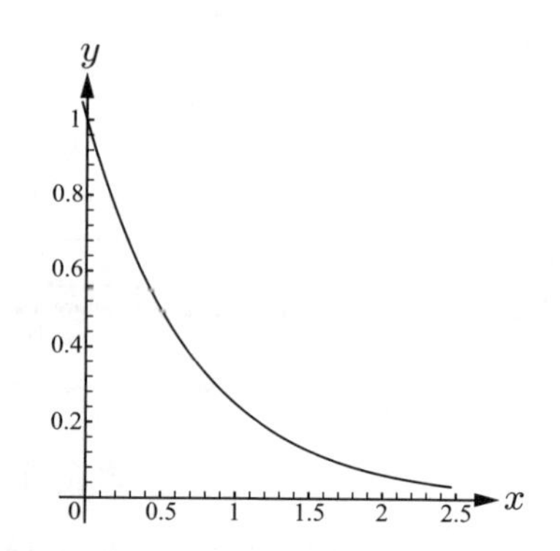


【指數型函數的兩型】你注意到：此地左右圖的底數雖然不同，但看起來是一樣的曲線，只是橫軸的尺度不同而已！

更重要的是：這裡的兩張函數曲線圖，和上面例子的圖其實「一樣」，只是做「鏡射」而已。

事實上，從 $A=\sqrt{2}$ 變為 $A_1=\frac{1}{\sqrt{2}}$，等於取倒數，(從 $B=4$ 變為 $B_1=\frac{1}{4}$ 也一樣！）算出來的伸縮尺度是 $\alpha=-1$。也就是說，要把橫軸上原來標記為 $x$ 處，都改變為 $-x$。很好玩，$x$ 軸的走向變成由右向左增加，(邏輯上沒有什麼不對！）只是與我們的習慣顛倒而已！數學上叫做「鏡射」。操作上：把畫好曲線

$y=A^x$ 的坐標紙，做（左右的）翻轉，有畫好曲線的那一面變成在背面，而原先空白的背面變成正面。現在把原來的曲線由背面描繪一遍，坐標軸及刻度也描繪好。接著把兩面的橫軸上的標記，正負顛倒，就完成了（橫軸的鏡射）！

數學上，把變數 $x$ 變換為：$X=\alpha\cdot x,\ \alpha\neq 0$，叫做**伸縮**，但是，若 $\alpha<0$，視覺上要稱作「伸縮」，是有些怪怪的。也許這樣子可以稱為瑕 (improper) 伸縮。

這樣看起來，指數型函數的圖解，如果限定：自變數必須是由左向右的話，可以說是只有兩種形狀：

底數大於 1 的遞增型（指數**爆炸**型）

底數小於 1 的遞減型（指數**衰減**型）

同型的指數型函數圖解互相可以轉換，只要將橫軸上的變數做伸縮。異型的指數型函數圖解互相是橫軸上的瑕伸縮。

物理或工程科學上，自變數常常代表時間。時間軸的瑕伸縮，幾乎沒有意義。所以這兩型的區別是很重要的。用的字眼「爆炸」與「衰減」，是反映物理的事實。

【未規範的指數函數】現在我們看看：如果把一個指數函數，對依賴變數做伸縮，得到

$$Y=c\cdot A^X \qquad [1]$$

那麼這個函數的圖解與原本的函數圖解 $y=A^x$ 有何關係？

這裡我們假定 $c>0$，這才是本義的變數伸縮。當然，如前所述，有一個辦法從原來的函數曲線圖，改變為新的函數曲線圖，只需要更改縱軸上依賴變數的尺度，也就是把原來的 $y=1$ 的標記，改為 $y=c$。（$X=x$。）

可是依照第一指數定律，如果 $c=A^\gamma$，我們可以寫：

$$Y=A^\gamma\cdot A^X=A^{\gamma+X} \qquad [2]$$

那麼就不需要去做縱軸上依賴變數的尺度伸縮，只要做橫軸上自變數的平移就夠了！

這就是說：我們讓 $Y=y$，但是 $x=\gamma+X$。也就是將原本橫軸上標記為 $x$ 處，現在改標記為 $X=x-\gamma$ 就好了！而「新的原點」（$X=0$ 處），則是原本橫軸上標記為 $x=\gamma$ 處。

我們把函數 $Y=c\cdot A^X$，稱為**未規範** (unnormalized) 的指數函數。規範的意思是 $c=1$。它的特徵是：在 $x=0$ 處的函數值 $=1$。但要強調的是：大部分的情況下，物理量的數值與所取的尺度單位有關，而自變數如果代表時間的話，其起點也純粹依方便而取。所以：未規範的指數函數與規範的指數函數同等重要！

問 —— 最重要的（未規範的）指數函數 $c\cdot A^x$ 底數 $A$ 為何？

答 —— $A=e$, $A=2$ 及 $A=10$。

以下分幾個小節解說。

## §0–2.1 倍增與半衰

我們從第二重要的 $A=2$ 談起，也把自變數改用 $t$ 表示，因為其意義為時間。於是這個函數應該表示為：

$$y=2^t \quad [3]$$

不過有時候要把時間顛倒正負來看，相當於考慮 $A=2^{-1}=\frac{1}{2}$。而函數應該表示為：

$$y=c\cdot(\frac{1}{2})^t=c\cdot 2^{-t} \quad [4]$$

對於這兩個式子，時間的單位 1 應該有科學的度量，我們如果

記成 $T$ 的話，那麼這兩個式子應該寫成：

$$\begin{cases} y_1(t) = c \cdot 2^{\frac{t}{T}} \ (\text{爆炸型}) \\ y_2(t) = c \cdot 2^{\frac{-t}{T}} \ (\text{衰減型}) \end{cases} \quad [5]$$

此地的第一例是：用 $y_1(t)$ 表示在時刻 $t$，培養皿中細菌的**菌口**。於是常數 $T$ 的意義就很清楚了：在 $t=0$ 時，$y_1(0)=c$ 是初始的菌口；在 $t=T$ 時，菌口將加倍，$y_1(T)=2\cdot c=2\cdot y_1(0)$；在 $t=2\cdot T$ 時，菌口成了 $y_1(2\cdot T)=4\cdot c=2^2\cdot y_1(0)$。以下每經過 $T$ 時間，菌口就再加倍，因此這裡的 $T$ 就是**倍增期**。

在菌口很少的時候，培養皿中的「培養液」非常充裕，相對於菌口來說，是無窮大，所以沒有生存競爭的問題，不論是理論或者經驗，這個模型是非常好的！只不過：當 $t$ 漸漸大時，$y_1(t)$ 也漸漸大，而且太快了！以至於培養皿中的培養液就不足於供應菌口所需，此模型就不對了。

其次的第二例是：用 $y_2(t)$ 表示在時刻 $t$，(這個古物中)剩下來的**放射性元素**的量，於是常數 $T$ 的意義就很清楚了：在 $t=0$ 時，$y_2(0)=c$ 是初始的含量；在 $t=T$ 時，含量將消失一半，$y_2(T)=\frac{c}{2}=\frac{y_2(0)}{2}$；在 $t=2\cdot T$ 時，含量成了 $y_2(2\cdot T)=\frac{c}{4}=\frac{y_2(0)}{4}$。以下每經過 $T$ 時間，放射性含量就再消失一半，因此這裡的 $T$ 就是**半衰期**。

所謂放射性物質，意思是這種物質的原子核不穩定，會破壞（分裂）；這樣的崩壞純粹是由「運氣」來控制的！每種放射性都有它的**半衰期**；它有一半的機會，在**這段期間內**崩壞，也有一半的機會，在這段期間內「安然無恙」！但是，我們面對的放射性物質，即使是「非常少量」，所涉及具放射性的原子（核），其個數還是很多！你要記住：Avogadro（亞佛加厥）數是 1 mole $= 6.023 \times 10^{23}$。例如說，$10^{-10}$ 克，就可以有 $10^{11}$ 個原子核。這樣子的數目絕對夠格稱為「大數」，所以機率論的**大數定律**就成立了！我們就不必煩惱「運氣」了，可以把「差不多」、「大概」，說成「必然」了！

所以，放射性物質在經過一個「半衰期」的時間後，它就（確定！）只剩下一半。這個模型是非常適當的！

## §0–2.2 常用指數

接著談第三重要的指數函數，底數為 $A = 10$。為何重要呢？這是因為全世界都通行使用十進位！所謂的**科學記號**也就建基於此。

**定理** 若 $X$ 是個（純粹的）正實數，則一定可以找到**整數** $n$，使得 $10^n \le X < 10^{n+1}$。

於是，令 $M := X / 10^n$，我們就可以把 $X$ 寫成

$$X = M \cdot 10^n \quad (1 \le M < 10,\ n \in \mathbb{Z}) \qquad [6]$$

這叫做**科學記法**。切記：這只是純數 $X$。若談到物理量，在科學記法之後，必須註明其單位。

在科學活動中，我們常常會遇到很大的數及很小的數。例如地球到太陽的距離約為 1,4970,0000 公里 $= 1.497 \times 10^8$ 公里 $= 1.497 \times 10^{11}$ 公尺。光速每秒約為 3,0000,0000 公尺 $= 3 \times 10^8$ 公尺。在 $0°C$，一大氣壓之時，22.4 公升的空氣，約有 6023,0000,0000,0000,0000,0000 $= 6.023 \times 10^{23}$ 個分子。

如果不用科學記號的話，寫起來多麻煩，也容易出錯！因此人們才引進科學記號的方便表示法。

## §0–2.3　自然指數

最後我們談全宇宙最重要的指數函數。這也叫做自然指數函數。首先思考一個簡單的例子，也就是模型。

假設我有一天去找我存款的銀行經理談論一個數學問題。（他不但是和我非常要好的朋友，而且數學程度很好！）

我說：「現在存款的簡單年利率是多少？」他告訴我，是 $\gamma = 2\%$。（這個例題是數學，因此真正是多少，並不重要！）那麼以單利計算，我要得到「對本」，是要 50 年？是的！

那麼以下我們就用 50 年當作時間的單位。於是如果我在 $t = 0$ 時存入的本金是 $y(0) = c$，我在 $t$ 時間後應該有利息 $c \cdot t$。因此本利和就是 $y(t) = y(0) \cdot (1 + t)$。

他說：以這個簡單利率（50 年對本）為基準，讓你自由地複利！

如果我把這段時間等分為 $n$ 期，每一期的利率是 $\frac{t}{n}$，複利計算的結果，我在時間 $t$ 的本利和將是

$$y^{[n]}(t) = c \cdot (1 + \frac{t}{n})^n \qquad [7]$$

想一想就知道：$n$ 越大這個式子 $y^{[n]}(t)$ 就「越大」，「越有利」。可是有極限！

我最好的辦法就是要求：無時無刻不在複利之中！也就是讓 $n$ 趨近無窮大。總而言之，我能夠得到的最優厚的結果就是：在時間 $t$，我在他那兒的財富（= 本利和）

$$y(t) := \lim_{n\to\infty} y^{[n]}(t) = c \cdot \lim_{n\to\infty}(1 + \frac{t}{n})^n = c \cdot \exp(t) \qquad [8]$$

這裡的 $\exp(t) = e^t$，叫做 Euler（歐拉）的自然指數函數。這裡的 $e$ 叫做自然對數之底 = 自然指數之底；記做 $e$ 是紀念偉大的 Euler。（自然指數的意義，將來再談，見 §2 – 6。）

$$e := \exp(1) = \lim_{n\to\infty}(\frac{n+1}{n})^n = 2.7182818284590\cdots \quad [9]$$

若是以單利計算，而「每期」利率為 1，經過 $t$ 單位的時間後，我的財富將成為 $c\cdot(1+t)$，但是連續複利的結果則是

$$c\cdot e^t = c\cdot\lim_{n\to\infty}(1+\frac{t}{n})^n = c\cdot\exp(t) \quad [10]$$

此地我們不去證明這句話。

## §0–3 對數函數

【逆向思考】取定了一個可許的底數 $A$，我們就得到一個指數函數，因此，對每個實數 $x$ 都可以算出其指數函數值 $u = A^x$。這一定是一個正的實數：$u > 0$。反過來說，給了一個正的實數 $u$，我們要煩惱一下：

是否找得到一個實數 $x$，使得：$u = A^x$？

而且還要煩惱：是否找不到另一個？

兩個問題都有正面的答案！於是我們就記成 $x := \log_A(u)$。這是正實數 $u$ 對於可許的底數 $A$，的對數。

第二個問題，可以回答 Yes，是因為有指數函數的（狹義）單調性：

$$\begin{aligned}&\text{如果 } A>1\text{，而 } x_1<x_2\text{，則 } u_1 := A^{x_1} < u_2 := A^{x_2}\\&\text{如果 } A<1\text{，而 } x_1<x_2\text{，則 } u_1 := A^{x_1} > u_2 := A^{x_2}\end{aligned} \quad [1]$$

如此，就不可能有兩個不同的 $x$ 居然有相同的 $u = A^x$ 了。

【對數定律】我們把「逆向思考法」用到指數定律，（第一是加減律，第二是乘法律，或即換底公式，）就得到對數定律（第一是乘除律，第二是乘冪律，或即換底公式）：

$$\begin{aligned}\log_B(x\cdot y) &= \log_B(x) + \log_B(y)\\ \log_B(x\div y) &= \log_B(x) - \log_B(y)\end{aligned} \quad [2]$$

$$\log_B(x^n) = n\cdot\log_B(x)\text{；（尤其是）}\log_B\sqrt[n]{x} = \frac{1}{n}\log_B(x) \quad [3]$$

所謂的**換底公式**有另外一種寫法：

$$\log_x(y) = \frac{\log_B(y)}{\log_B(x)} \quad (x>0,\ y>0,\ B>0,\ x\neq 1,\ B\neq 1) \qquad [4]$$

把 $y$ 對 $x$ 的對數，改用「雙方對於第三者的對數」表達出來！

這個換底公式的重要性就在於：本來就有一個公正（= 自然）第三者，也就是自然對數 ln(= natural log)。

$$\log_x(y) = \frac{\ln(y)}{\ln(x)} \qquad [5]$$

【對數函數的單調性】由指數函數的單調性馬上得到：

若 $B>1,\ u>v>0$，則 $\log_B(u)>\log_B(v)$

若 $0<B<1,\ u>v>0$，則 $\log_B(u)<\log_B(v)$

【對數函數的圖解】根據換底公式

$$\log_B(u) = \frac{1}{\ln(B)}\cdot\ln(u)$$

所以一切對數函數的圖解簡直都一樣，因為任何兩個都只是縱軸上的尺度伸縮不同而已！

底下畫的是自然對數函數圖。要明白：對數函數與指數函數是互為 「反函數」。 因此這兩個曲線圖彼此是相對於直線 $y=x$ 做鏡射。

例如說：$\ln(6.034)=1.7974$，意思是 $e^{1.7974}=6.034$。如果畫了指數函數曲線 $\Gamma$ 的圖，那麼對於橫軸上的 $x_1=1.7974$ 點，要計算 $y_1=e^{x_1}$，意思是：從橫軸上的 $x_1$ 點，畫縱線，交到曲線 $\Gamma$ 的點就是 $P_1=(x_1,\ e^{x_1})=(x_1,\ y_1)$，其縱坐標就是 $y_1=e^{x_1}$，所以，從 $P_1$ 點畫橫線，交到縱軸，就可以讀出指數函數值 $y_1=e^{x_1}$ 了。(請特別注意這樣一定是落到正的縱軸上：$y_1>0$。雖然要定義 $e^x$ 時，$x$ 可正可負。)

那麼如何反其道而行呢？一定是從正的縱軸上取了 $y = y_1$，畫橫線，交到 $\Gamma$ 上的點 $P = (x_1, y_1)$，再畫縱線，交到橫軸上的點 $x_1 = \ln(y_1)$。由此可知：曲線 $\Gamma$ 的點 $P_1 = (x_1, y_1)$ 合乎 $y_1 = e^{x_1}$ 者，依反函數 ln 來看，也就合乎 $x_1 = \ln(y_1)$。要畫對數函數曲線 $\Lambda$ 的圖，就是要畫出所有的點 $Q_1 = (y_1, \ln(y_1)) = (y_1, x_1)$。這樣 $\Lambda$ 上的點 $Q_1 = (y_1, x_1)$，就對應到曲線 $\Gamma$ 上的點 $P_1 = (x_1, y_1)$，兩點的縱橫坐標恰好顛倒。在坐標幾何上，恰好對於直線 $y = x$ 是鏡射。($P_1$, $Q_1$ 兩點的連線被直線 $y = x$ 垂直平分。)（當然這裡的敘述是假定：$xy$ 軸的尺度相同。這裡是坐標幾何，用到「垂直」，也用到「線段長」。）這裡我們提到的函數與反函數的圖解曲線之鏡射關係，並不限於 exp 與 ln 這一對。下圖中，左上支曲線是 $y = e^x$，中間的是直線 $y = x$，右下支是 $y = \ln(x)$。

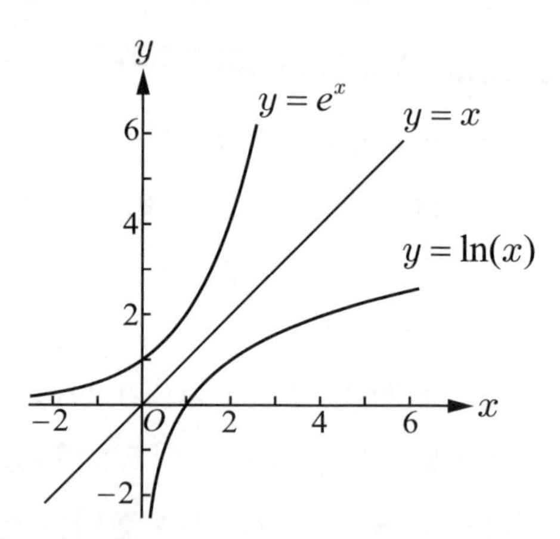


【備註】本書的自然對數記號是 ln。常用對數的記號，是我們在電算器上看到的 log。另外，有些書會用這種記號 $\lg := \log_2$，雖然我們用不到。

## §0–4　離散與連續

【電影的道理】我們很小就聽過：杯子中的水其實是一顆一顆水分子 $H_2O$ 的集合，真覺得難以想像！明明是連綿不斷的怎麼會是離散的呢？等到我們知道說：電影的放映，其實是一幕一幕，只要間隔小於（大約）$\frac{1}{16}$ 秒的時間，電影上的一切動作，看起來都是連續的啦。這是視覺暫留的現象所致！我們才恍然大悟！

假設坐標幾何的習題叫你（用鉛筆）畫圓 $x^2+y^2=25$。這有圓規可用，太容易了。可是，如果用放大倍率很高的放大鏡一看，可以看出「鉛」（石墨）的一撮一撮。不連續，也不勻。

人是會抽象思考，才有連續的觀念。人的操作，永遠只能是離散的有限的。在概念上存在「精確」，但是在實務上卻永遠只是近似。

### §0–4.1　平直內插法

【函數圖與函數表】高等數學研究的對象物通常是函數。微積分學的最末階段大概是要探究未知的函數。在開始的階段則是要學習「如何探究」的技巧。經常要拿最簡單的函數或最熟悉的函數來當作練習的對象。例如說 sin, cos，這是我們在高中就相當熟悉了。現在和上一世紀的學習不一樣的地方是：書末不用附三角函數表（這是用電算器代替了）。但是，不可避免地你會碰到「需要查表」的狀況。例如說：考試時乾脆就把累積標準常態分布函數表印在考卷上！其實，由函數表進行內插法本來就是中學生必須習得的東西。

函數表的道理很簡單：考慮一個定義在區間 $[\alpha..\beta]$註 2 上的函數 $f$。通常的函數表，是把這個區間分割為 $N$ 等分的小段。這樣的小段間隔 $\frac{\beta-\alpha}{N}=\Delta x$ 就是函數表的**粗糙度**註 3。於是第 $j$ 個**割點**是

$$x_j := \alpha + j\cdot\Delta x = \alpha + j\cdot\frac{\beta-\alpha}{N} \quad j=0,\ 1,\ 2,\ \cdots,\ N \qquad [1]$$

函數表的意思就是展示出所有的這些函數值

$$y_j := f(x_j)$$

當然這個函數值本身也是只能給你近似值。這個近似的誤差之最大最糟糕的狀況是函數表「精確度」的逆向表現。書上說「四位對數表」，意思是誤差最多到 0.0001。

這樣子就會出現內插法了：如果有需要用到某個數 $\xi$ 的函數值 $f(\xi)$，如何「查表」？我們當然是假定 $\xi$ 不是這些割點 $x_j$ 之中的一個，否則只要把 $y_j := f(x_j)$ 抄下來就好了。那麼我們可以找到 $\xi$ 所在的第 $j$ 小段，也就是找到：$x_{j-1}<\xi<x_j$，那麼我們就推定

$$f(\xi) \approx y_{j-1} + \frac{(\xi - x_{j-1})}{(x_j - x_{j-1})}\cdot(y_j - y_{j-1})\text{，或者用}$$

$$f(\xi) \approx y_j - \frac{(x_j - \xi)}{(x_j - x_{j-1})}\cdot(y_j - y_{j-1}) \qquad [2]$$

---

註 2　$[\alpha..\beta]$ 這個記號讀做「從 $\alpha$ 到 $\beta$ 的閉區間」。這就是合乎 $\alpha \le x \le \beta$ 的實數 $x$ 的全體之集合。大部分的書中，區間的記號，是在 $\alpha$ 與 $\beta$ 之間用個「逗號」或「分號」，似乎是比我們的記號更方便。「太方便」就會引起多義混淆，所以本書決定採用這種「兩點」記號。這是數學軟體 Maple 的記號，它不會多義混淆。

註 3　也就是細密度的逆向表現。粗糙度越小就表示越細密！通常的三角函數表，粗糙度是 10 分或 6 分。

事實上這個近似計算的意思是說：在這小段區間 $[x_{j-1}..x_j]$ 內，我們採用線性一次（以下的）函數當作真正的函數來計算。

◈ **例題 1**　由五位對數表得到：$\log(25.81)=1.41179$, $\log(25.82)=1.41196$，請寫出 $\log(25.813)$。

**解**

差 0.01：25.810 — 25.813（差 0.003）— 25.820

差 0.00017：1.41179 — □（差 ?）— 1.41196

$$\frac{x}{0.00017}=\frac{0.003}{0.01}$$

差 $=x=0.000051$

答：$\log 25.813=1.41179+0.000051=1.411841$

即約為 1.41184

用函數圖解的說法 ： 我們用連結兩點 $P_{j-1}=(x_{j-1}, y_{j-1})$ 與 $P_j=(x_j, y_j)$ 的線段來代替本來的函數曲線段，這線段的方程式就是所謂的**兩點式**：

$$y=y_{j-1}+\frac{(x-x_{j-1})}{(x_j-x_{j-1})}\cdot(y_j-y_{j-1}) \qquad [3]$$

【梯形法】現在假定函數 $f$ 在區間 $[\alpha..\beta]$ 上，取非負值。那麼我們取兩條縱線：$x=\alpha$ 與 $x=\beta$，一條橫線 $y=0$（即 $x$ 軸），以及曲線 $y=f(x)$，圍成一塊區域

$$R: 0\le y\le f(x),\ \alpha\le x\le\beta \qquad [4]$$

把區域 $R$ 的面積記為 $A(R)$。於是根據我們上面所說的轉折近似法，這塊區域的面積差不多就是 **$(N+3)$ 邊形** $AP_0P_1P_2\cdots P_NB$ 的面積，其中 $A=(\alpha, 0)$, $B=(\beta, 0)$, $P_j=(x_j, y_j)$。

在 $AB$ 上取了割點 $Q_j=(x_j, 0)$ 當然 $A=Q_0$, $B=Q_N$。於是這個多邊形區域就是 $N$ 個梯形 $Q_{j-1}P_{j-1}P_jQ_j$ 的繫接。因此：

$$A(R)\approx\Delta x\cdot(\frac{y_0+y_N}{2}+\sum_{j=1}^{N-1}y_j)=(\beta-\alpha)\cdot\overline{y} \qquad [5]$$

式子中的 $\overline{y}$ 是梯形法算出的**平均高度**

$$\overline{y}=\frac{1}{N}(\frac{y_0+y_N}{2}+\sum_{j=1}^{N-1}y_j) \qquad [6]$$

意思是：區間邊緣的兩個高度 $y_0$, $y_N$，平均後才算一個「高度」，其他還有（在區間內部的）$(N-1)$ 個高度 $y_j$, $(j=1, 2, \cdots, (N-1))$。把這 $N$ 個「高度」做平均，就是梯形法所說的平均高度。

說「高度」是因為談到畫圖才這樣講的，如果不畫圖，那麼我們說：有 $(N-1)$ 個（在區間內部的）**函數值** $y_j$, $(j=1, 2, \cdots, (N-1))$，另外有一個（區間邊緣的）「函數值」，是頭尾兩個函數值 $y_0$, $y_N$ 的平均，總結起來，把這 $N$ 個「函數值」做平均，就得到梯形法所說的平均函數值。上述的轉折近似法，重新寫一遍：

$$(A(R)=)\int_{\alpha}^{\beta}f(x)dx\approx\frac{\beta-\alpha}{N}\cdot(\frac{f(x_0)+f(x_N)}{2}+\sum_{j=1}^{N-1}f(x_j)) \quad [7]$$

這個公式叫做梯形法的積分近似值。這式子是不管函數值的正負的！

## §0–4.2 離散化

【數列】我們或許沒有學過「數列」一詞，但是大概都學過「級數」一詞，英文分別是 sequence 與 series。其實都是各自照著各種學科的習慣來使用，因此是混著用，數學上（讀微積分以後，）稍微需要分辨！通常用的意思都是前者。在經濟科學中，常常出現的**時間序列**一詞，英文是 time series，其實就是數列。所以此時的英文字 series 反倒是不合乎現代數學的用法！所以不要譯作「級數」，譯作「序列」或「數列」才好！幾乎是同樣的情況，Malthus（馬爾薩斯）所說的話最好翻譯成：「糧食成算術數列增加，人口成幾何數列增加。」

怎麼樣會出現「數列」呢？上面提到 time series，其實就是數列。這裡的 time =「時間」，是個可以省略的形容詞，它的意思只是強調：在數列

$$q_1, q_2, q_3, \cdots q_n \qquad [8]$$

中，足碼代表時間。

舉例子甲：「股票族」天天注意什麼「×××指數」，那是一個（時間）序列，或者他注意某特定公司的股票價格，那也是一個（時間）序列。在這樣的例子中，你就知道：這裡的足碼，並不限定要從 1 開始。(在數學上，你經常會發現從零開始也許更方便！）足碼代表時間，也許是如這個例子中，代表「日曆」上的日子。所以 $q_j$ 的 $j$，如果是 $j$ =「(2016, 02) 28」，則 $j+1$ =「(2016, 02) 29」; $j+2$ =「(2016, 03) 01」。如果足碼代表時間，那麼足碼的順序通常有意義，並且也談得上間隔。

舉例子乙：你高中時某一次考試，教務處有了全班的紀錄。$f_i$ 與 $g_i$ 分別為學生 $i$ 的數學科與英文科考試成績。這樣就有了兩個數列，足碼是代表學生，通常用座號來代表，那麼也許 $i = 1, 2, 3, \cdots, 38$。不過，概念上這個足碼並不需要是自然數系的一段！這個足碼很可以是學號，於是這班 38 個人的學號很可

能有跳號！(有人轉學出去了，有人轉班進來了。）在這個例子中，足碼的順序大概非常**不重要**！(例如說：它只是代表高一入學報到後，教務處依照報到順序常態分班，學號就此決定。）在這樣的例子中，足碼的順序通常沒有意義，當然更不用談足碼的間隔。

【函數的離散化】在物理科學中，時間數列經常以記錄的數據出現。

舉例子丙：氣象當局必須記錄（每天的）雨量，水庫當局必須記錄每天的水位。以現在高科技電腦監控，$t$ 時刻的水位 $h(t)$ 根本是在監控室的電腦螢幕上顯現。這樣子的顯現，就是函數 $y=h(t)$ 的圖解：橫軸是時間軸，縱軸是水位高的軸。如果是颱風來臨，依長官的命令，每 15 分鐘報告一次水位高，那麼 $\Delta t=15$ 分鐘，他會得到一個數列

$$y_0, y_1, \cdots, y_N \quad (y_j=h(\alpha+j\cdot\Delta t), j=0, 1, 2, \cdots, N) \qquad [9]$$

這樣的例子可以「稍稍」變形！我們舉例子丁：假設某生理學家，需要知道實驗中，老鼠血液中某物質的濃度 $h(t)$，在條件比較惡劣的古時候，也許教授就是跟那些研究助理說：你們每天分三班值班去測量，從今晚八點起，一週之內，「每刻鐘都要量一次」。

$\alpha, \beta$ 已知，$N=7\times 96=672$，$\Delta t=15$（分鐘），$t_j:=\alpha+j\cdot\Delta t$

但是，他們去測量的時刻 $\tau_j$ 卻有點自由：$t_{j-1}<\tau_j<t_j$。這例子丁與例子丙不同是因為這裡多了一點兒不確定性。(因此也許可以叫做抽樣的離散化。）所得到的數列是：

$$\eta_0, \eta_1, \eta_2, \cdots, \eta_N$$

$$(\eta_j:=h(\tau_j), t_{j-1}<\tau_j<t_j, j=1, 2, 3, \cdots, N) \qquad [10]$$

例子丙與丁都是函數的離散化。這裡函數的自變數都是「連

續的」，也就是說在一個區間上變動。離散化的結果就會得到一個（有限的）數列。

當然也可以逆向思考：如果有個未知的函數 $h$ 定義在區間 $[\alpha..\beta]$ 上，而我們已經知道它的離散化，也就是數列 $y_0, \cdots, y_N$（如例子丙)。要如何找出函數 $h$？這是數列的連續化。

## §0–4.3 A.P. 與 G.P.

**定理** 一個一次以下的函數 $y=m\cdot x+k$ 之離散化就是等差數列。一個未規範的指數函數 $y=c\cdot A^x$ 之離散化就是等比數列。

【備註】古時候的用詞，把等差數列叫做算術的 (arithmetic) 數列；把等比數列叫做幾何的 (geometric) 數列。數列古時叫做 progression，現在已經不用了，只保留於等差數列 (A.P.) 與等比數列 (G.P.)，還有調和數列 (H.P.)。

我們必須先複習一下等差與等比數列。一數列：$a_0, a_1, a_2, a_3, \cdots, a_\ell$，如果 $a_1-a_0=a_2-a_1=a_3-a_2=\cdots=a_\ell-a_{\ell-1}$，也就是說，相鄰兩項的差都一樣，就叫做等差數列 (A.P.)。$d=a_1-a_0$ 叫做公差，$a_0$ 是首項，$a_\ell$ 是末項。

如果把「差」改為「比」，就得到等比數列 (G.P.)，換句話說，在 $b_1/b_0=b_2/b_1=b_3/b_2=\cdots=b_\ell/b_{\ell-1}=r$ 時，$b_0, b_1, \cdots, b_\ell$ 是 G.P.，公比為 $r$。

我們把 A.P. 及 G.P. 的主要公式寫在下面：

對 A.P.

$$a_\ell=a_0+\ell d$$

$$d=\frac{(a_\ell-a_0)}{\ell}$$

$$\ell = \frac{(a_\ell - a_0)}{d}$$ （這是**間隔數**，項數是 $(\ell+1)$）

級數和 $s := a_0 + a_1 + a_2 + a_3 + \cdots + a_\ell$

$$= (\frac{a_0 + a_\ell}{2}) \cdot (\ell + 1) \qquad [11]$$

=（首末兩項之平均）乘上（項數）

對 G.P.

$b_\ell = b_0 r^\ell$

$\ell = \log_r(b_\ell \div b_0)$（這是間隔數，項數是 $(\ell+1)$）

$r = \sqrt[\ell]{b_\ell \div b_0}$

級數和 $b_0 + b_1 + \cdots + b_\ell$

$$= b_0 \cdot (\frac{1 - r^{\ell+1}}{1 - r}) = \frac{r b_\ell - b_0}{r - 1} \qquad [12]$$

我們把級數和的公式證明一下，這有助於後面的公式之理解。

甲、要計算

$$a_0 + a_1 + a_2 \cdots + a_\ell = s$$

把它倒寫成

$$a_\ell + a_{\ell-1} + \cdots + a_0 = s$$

對應項相加，則

$$(a_0 + a_\ell) + (a_1 + a_{\ell-1}) + \cdots + (a_\ell + a_0) = 2s$$

此時各括弧全同：$a_1 = a_0 + d,\ a_{\ell-1} = a_\ell - d$，故 $a_1 + a_{\ell-1} = a_0 + a_\ell$ 等等。所以 $s = (\frac{a_0 + a_\ell}{2}) \times$ 項數。

以下的長方條，寬度都是 1，長度都是 $(a_0 + a_\ell)$，但被割成左右側。左側，長度自 $a_0, a_1, \cdots$ 到 $a_\ell$，右側顛倒順序。全部面積是 $(a_0 + a_\ell) \cdot (\ell + 1)$。

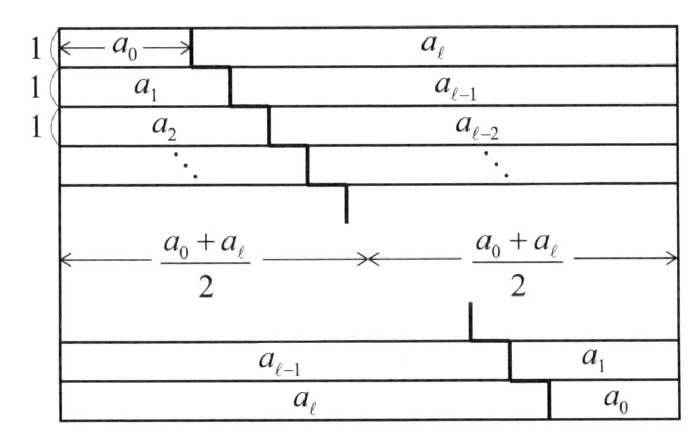


若把中間截割的轉折線看成直線，則情況如下圖。這是計算梯形面積的想法！

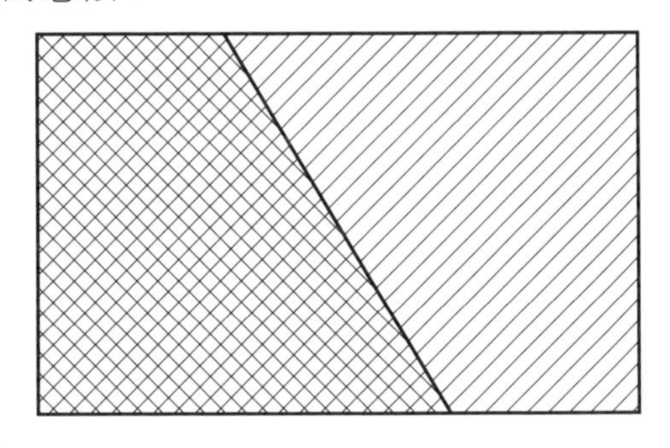

乙、要計算

$$b_0 + b_1 + b_2 + \cdots + b_{\ell-1} + b_\ell = s \qquad [13]$$

將它乘以公比 $r$，則得

$$b_0 r + b_1 r + \cdots + b_{\ell-1} r + b_\ell r = sr \qquad [14]$$

對照 [13]，[14] 兩式，最好是寫 [14] 式時，$b_0 r = b_1$ 放在 [13] 式的 $b_1$ 下方，$b_1 r = b_2$ 放在 [13] 式的 $b_2$ 下方，……依此類推。只有 [13] 式的 $b_0$ 下方沒東西，[13] 式的等號應該往右挪，留點空位，底下的 [14] 式寫 $b_\ell r$。情形為

$$\begin{aligned} b_0 + b_1 \quad + b_2 \quad + \cdots + b_{\ell-1} \quad + b_\ell \qquad\qquad &= s && [13] \\ b_0 r + b_1 r + \cdots + b_{\ell-2} r + b_{\ell-1} r + b_\ell r &= sr && [14] \end{aligned}$$

於是 [14] − [13] 得 $b_\ell r - b_0 = s(r-1)$，故 $s = \dfrac{b_\ell r - b_0}{r-1}$。

## §0–4.4 最小平方法

本節中 $\Delta t > 0$ 是任意取定的。

**定理**

一個有聊的等差數列必定是某個一次函數 $f(t) = m \cdot t + k$ 之離散化。換句話說，若有等差數列：

$$y_0, y_1, y_2, \cdots \quad [15]$$

也就是滿足了

$$y_1 - y_0 = y_2 - y_1 = \cdots = d \ (\neq 0) \quad [16]$$

則有個一次函數 $f(t) := m \cdot t + k$ ($m$, $k$ 都是常數且 $m \neq 0$)，使得：

$$y_j = f(\alpha + j \cdot \Delta t)$$

【解釋】這裡，時間的起算點 $\alpha$，以及間隔 $\Delta t > 0$，由你任取，事實上

$$m = \frac{y_1 - y_0}{\Delta t}$$

$$k = y_0 - \frac{y_1 - y_2}{\Delta t} \cdot \alpha$$

【等差模型】上述這個定理沒有什麼用！因為這個定理是假定：我們的測量是絕對的精準，因而得到一個**完美的等差數列**，合乎 [16] 式。

真正有用的是等差模型的建立。這是說：我們事先並不知道一次函數 $f$，但是從得到的數據，即數列 [15] 來看，似乎合乎 [16] 式。那麼要如何寫下**最好的**一次函數

$$f(t) := m \cdot t + k \quad [17]$$

使得：

$$f(t_j) \approx y_j, \ j = 0, 1, 2, \cdots, N \quad [18]$$

什麼叫做**最好的**？最小平方法的解釋是說：當我們有了數據如 [15] 式（又事先知道這些測量的時間點 $t_j$），

$$t_j := \alpha + j\cdot\Delta t,\ j = 0,\ 1,\ 2,\ \cdots,\ N\ (\Delta t := \frac{\beta - \alpha}{N}) \qquad [19]$$

則我們應該選擇係數 $m, k$，使得：**依此算出的**

$$\text{平方誤差的總和 } \Phi := \sum_{j=0}^{N}(f(t_j) - y_j)^2 \text{ 為極小} \qquad [20]$$

這個問題的答案是：

先算出數據的平均

$$\bar{y} := \frac{1}{N+1}\sum_{j=0}^{N} y_j\text{；當然不用算 } \bar{t} = \frac{\alpha + \beta}{2} \qquad [21]$$

於是

$$m = \frac{\sum_j (t_j - \bar{t})\cdot(y_j - \bar{y})}{\sum_j (t_j - \bar{t})^2};\ k = \bar{y} - m\cdot\bar{t} \qquad [22]$$

**定理**　一個有聊且正的等比數列必定是某個未規範的指數函數 $z = c\cdot A^t$ 之離散化。

換句話說，若有正的等比數列：

$$z_0,\ z_1,\ z_2,\ \cdots \qquad [23]$$

也就是滿足

$$\frac{z_1}{z_0} = \frac{z_2}{z_1} = \cdots = r\ (\neq 1) \qquad [24]$$

則有個未規範的指數函數 $h(t) := c\cdot A^t$($c$, $A$ 都是正的常數且 $A \neq 1$)，使得：

$$z_j = h(\alpha + j\cdot\Delta t)$$

**證明**

有聊的數列意思是：不要

$$z_0 = z_1 = z_2 = \cdots ; r = 1$$

現在，只要考慮對於 $j=0$ 與 $j=1$ 的要求：

$$z_0 = c \cdot A^{\alpha},\ z_1 = c \cdot A^{\alpha+\Delta t}$$

相除，馬上算出：

$$\frac{z_1}{z_0} = A^{\Delta t}\text{，因此 } A = (\frac{z_1}{z_0})^{\frac{1}{\Delta t}}\text{。}$$

那麼代回去 $z_0$ 的式子，馬上算出：

$$c = z_0 \cdot (\frac{z_0}{z_1})^{\frac{\alpha}{\Delta t}}$$

馬上驗證出這樣得到的未規範的指數函數 $h(t) := c \cdot A^t$，其離散化就是所給的等比級數。

【指數模型】上述這個定理沒有什麼用！因為這個定理是假定：我們的測量是絕對的精準，因而得到一個**完美的等比數列**，合乎 [24] 式。

真正有用的是指數模型的建立。這是說：我們事先並不知道指數函數 $h$，但是從得到的數據，即數列 [23] 來看，似乎接近 [24] 式。那麼要如何寫下**最好的**未規範的指數函數

$$h(t) := c \cdot A^t \qquad [25]$$

使得：

$$h(t_j) \approx z_j,\ j = 0,\ 1,\ 2,\ \cdots,\ N \qquad [26]$$

概念上最簡單的方法是做變數代換。這是因為：如果我們改依賴變數為其對數，也就是令

$$y := \log(z) \qquad [27]$$

底數無所謂註4，結果（近似於）等比的（正的）數列 $z$ 會變

成（近似於）等差的數列 $y$。就可以用上剛剛的公式 [22]，得到**最好的**一次函數如 [17] 式。那麼我們只要再做「反對數」的操作，就得到

$$h(t)=\exp(f(t))=e^{m\cdot t+k}\text{；即 } z=e^k\cdot e^{m\cdot t}$$

$$\text{或者 } c=e^k,\ A=e^m \qquad [28]$$

總之：「等差數列只是一次函數的離散化」，「等比數列只是未規範的指數函數的離散化」。或者說：一次函數只是「等差數列的連續化」，未規範的指數函數只是「等比數列的連續化」。

## §0–4.5　記號 Σ 與 Π

希臘字母 Σ 表示「和」，唸做 sigma（係個嘛）（就意義說也可唸成英語 sum）。Π 表示 「乘」，唸做 pi （「拍」，不是「派」）（就意義說也可唸成英語 product）。

為什麼要引入這兩個記號呢？今設 $A$ 表示全班 49 人之集合，而對 $a\in A$，$\varphi(a)$ 表示 $a$ 的（某次考試的）分數，我們要把這些分數加起來，就引入這記號

$$\sum_{a\in A}\varphi(a)$$

同樣，要做乘積就寫

$$\prod_{a\in A}\varphi(a)$$

如果不致於引起混淆，也可省去一些符號，簡寫成

$$\sum_{A}\varphi(a)\ \text{（或是 }\sum\varphi(a)\text{）}$$

$$\prod_{A}\varphi(a)\ \text{（或是 }\prod\varphi(a)\text{）}$$

---

註 4　只要大於 1。如果用 0 與 1 之間的數做底數，取對數的結果會逆轉大小的順序。對於思考常常會構成妨礙。

更常見到的是把這些加項或乘項編號，例如用學號或座號代表人，$\varphi_m$ 表示學號 $m$ 的人的成績，那麼 $\sum_{m=31}^{42}\varphi_m$ 就表示從 31 號到 42 號的這些人的成績之和，而 $\prod_{m=31}^{42}\varphi_m$ 則是相乘積。

【冪方的累和】以下這幾個累和的公式是你熟悉的：

$$\sum_{j=1}^{n} j^0 = n$$

$$\sum_{j=1}^{n} j^1 = \frac{n(n+1)}{2}$$

$$\sum_{j=1}^{n} j^2 = \frac{n(n+1)(2n+1)}{6}$$

你有無學過

$$\sum_{j=1}^{n} j^3 = (\frac{n(n+1)}{2})^2$$

【階乘】以下這個累積的記號是你熟悉的：

$$\prod_{j=1}^{n} j = n! \qquad [29]$$

【階乘的連續化】你會想到：可以不可以寫 (8.5)! 呢？(是否階乘函數可以定義到 8.5 呢 ?)

到了 Euler 的時候，已經闡明了：可以定義，而且合理的定義也是唯一的。弄清楚了：

$$(\frac{1}{2})! = \frac{\sqrt{\pi}}{2} \qquad [30]$$

於是：

$$8.5! = 8.5\times 7.5\times 6.5\times 5.5\times 4.5\times 3.5\times 2.5\times 1.5\times \frac{\sqrt{\pi}}{2}$$

$$\approx 119292.462$$

當然這是屬於高等微積分學的範圍了。

## §0–5　函數的概念

本節的目的在介紹一些概念，並且引入一些記號。這些概念和記號對於此課程的學習，非常方便、有用，因此是重要的。要記住：數學就是掌握記號與概念之學科。

### §0–5.1　集合

我們最先要提的概念是「集合」。

【例 1】　數學語句：「$x \in \mathbb{R}$」是什麼意思？該怎麼讀？
我們用「$\mathbb{R}$」表示「所有實數的全體」，即「實數系」；用「$\in$」表示「屬於」。因此，這句（數學國的）話，可以讀成「$x$ 屬於實數系」或者「$x$ 是實數系的一個元素」。但是這樣子是接近於直譯，太硬梆梆了，不如讀成「$x$ 是個實數」。

同樣地，「$\mathbb{N}$」表示「自然數的全體」，也就是「自然數系」；「$\mathbb{R}_+$」表示「非負實數系」，「$\mathbb{Z}$」表示「整數系」；「$\mathbb{Z}_+$」表示「非負整數系」。

【例 2】　記號「$\mathbb{R} \backslash \mathbb{Z}$」是「從集合 $\mathbb{R}$ 中排斥掉集合 $\mathbb{Z}$ 的元素所剩的集合」=「不含整數的實數全體」。因此，數學語句：「$\pi \in (\mathbb{R} \backslash \mathbb{Z})$」，其實是說：「$\pi \in \mathbb{R}$，而且 $\pi \notin \mathbb{Z}$」，記號「$\notin$」表示「不屬於」，於是可以讀成「$\pi$ 是個實數，但不是個整數」。

在微積分學中，區間 (interval) 是極常見的集合。我們用 (3.8..7.2) 表示「大於 3.8 而小於 7.2 的實數全體」，讀做「自 3.8 到 7.2 的開區間」，或者「開區間 3.8 到 7.2」。用 [3.8..7.2] 表示「不小於 3.8 也不大於 7.2 的實數全體」，讀做「自 3.8 到 7.2 的閉區間」，或者「閉區間 3.8 到 7.2」。當然可以有「左開右閉」的區間 (3.8..7.2]，也有「左閉右開」的區間 [3.8..7.2)。

【例 3】　數學語句：「$x \in$ [3.8..7.2)」，是說：「$x$ 小於 7.2，但不小於 3.8」。

【無窮大（無限大)】我們引入記號 $\infty$ 讀做「無限大」或「無窮大」，這是一個很方便的概念。

數學語句：「$x\in[3.8..\infty)$」，其實是說：「$x$ 是個不小於 3.8 的實數」；「$x\in(3.8..\infty)$」，其實是說：「$x$ 是個大於 3.8 的實數」；「$x\in(-\infty..7.2)$」，其實是說：「$x$ 是個小於 7.2 的實數」；「$x\in(-\infty..7.2]$」，其實是說：「$x$ 是個不大於 7.2 的實數」。

當然了：記號 $(-\infty..\infty)$ 根本就是 $\mathbb{R}=$「實數系」。

## §0–5.2 函數的定義域

我們在國中階段就學會一元二次方程式的解法公式。這是說，對於一元二次方程式：

$$a\cdot x^2+b\cdot x+c=0 \text{（假定 } a,\ b,\ c\in\mathbb{R},\ a\neq 0\text{）} \quad [1]$$

則有兩個根

$$\alpha=\theta_1(a,\ b,\ c):=\frac{-b+\sqrt{b^2-4ac}}{2a};$$

$$\beta=\theta_2(a,\ b,\ c):=\frac{-b-\sqrt{b^2-4ac}}{2a} \quad [2]$$

這裡有兩個「機器」，一個機器 $\theta_1$，會把三個實數 $a,\ b,\ c$ 變成一個實數 $\alpha$，另一個機器 $\theta_2$，會把三個實數 $a,\ b,\ c$ 變成一個實數 $\beta$。例如說：若 $a=3,\ b=-4,\ c=-119$，則代入機器 $\theta_1$，得到 $\alpha=7$；代入機器 $\theta_2$，得到 $\beta=-\frac{17}{3}$。

機器就是函數。在歐文，用的字眼是 function，意思是「功能」。這兩個函數 $\theta_1,\ \theta_2$ 是把原料 $(a,\ b,\ c)$ 分別變成產品 $\alpha,\ \beta$ 的機器。兩個都是三自變元的函數。

我們可以把上述的例子改變一下：要討論一元二次方程式，應該從頭就把方程式**規範化**，這是說，將方程式除以領導項的係數 $a$，方程式變成了

$$x^2 + px + q = 0,\ p := \frac{b}{a},\ q := \frac{c}{a} \qquad [3]$$

於是根的公式變成了：

$$\alpha = \psi_1(p, q) := \frac{-p + \sqrt{p^2 - 4q}}{2};$$

$$\beta = \psi_2(p, q) := \frac{-p - \sqrt{p^2 - 4q}}{2} \qquad [4]$$

現在是兩個兩變元的函數 $\psi_1$ 與 $\psi_2$。所指的兩變元，是自變數 $p$ 與 $q$。

在 19 世紀的習慣大概是單單寫一個公式

$$\frac{-p \pm \sqrt{p^2 - 4q}}{2} \qquad [5]$$

於是說根是兩個係數 $p, q$ 的兩值 (two-valued) 函數。20 世紀以後，數學的習慣改變了：認為「多值函數」的說法，實在是壞處多於好處。只要說是係數 $p, q$ 的函數，就應該是：從所給的 $p, q$，就明明白白算出一個值，不可以曖昧不清！

這裡有個疑問：虛根呢？判別式呢？這是一個要點！在我們素樸的討論中，我們的態度是：這個機器製造出來的產品必須是實數，才可以接受。換句話說，在這裡，我們是在 $(p, q)$ 坐標平面上，先畫出拋物線

$$\Gamma : p^2 - 4q = 0 \qquad [6]$$

於是這條拋物線就把平面劃分為兩個領域。在曲線 $\Gamma$ 的上側是領域 $D_+ : q > \frac{p^2}{4}$；在曲線 $\Gamma$ 的下側是領域 $D_- : q < \frac{p^2}{4}$。

【再談記號】 我們用 「$\mathbb{R}^2$」 表示整個坐標平面 。(這是 Descartes（笛卡兒）平面。）肩碼的 2 表示：這個集合的元素是二維的「點」。(有橫縱兩坐標的「點」。）那麼，它有三個子集：$D_\pm$, $\Gamma$，

$$D_{-} \subset \mathbb{R}^2,\ D_{+} \subset \mathbb{R}^2,\ \Gamma \subset \mathbb{R}^2$$

我們把 $\Gamma$ 與 $D_{-}$ 併聯 (union) 起來，得到閉領域

$$\overline{D_{-}} := \Gamma \cup D_{-}\text{，也就是 } \overline{D_{-}} = \mathbb{R}^2 \backslash D_{+} \quad [7]$$

**併聯**的記號是「∪」，外形像杯子，因此可以讀做 cup，或讀做 union，或者依漢譯，讀做併聯。**扣除掉**的記號是「\」，可以依漢譯，讀做扣除掉，或者依英文，讀做 setminus。

**涵容於**的記號是「⊂」。當然，$A \subset B$ 也可以寫做 $B \supset A$，記號「⊃」的意思是包容了。**A 涵容於 B** 當然等於 **B 包容了 A**。

【函數的定義域】如果 $(p, q) \in \overline{D_{-}}$ 時，**就可以**依照 [4] 式，**算出**兩個根。因此我們就說：$\overline{D_{-}}$ 是這兩個函數的**定義域** (domain of definition)。

$$Dom(\psi_1) = \overline{D_{-}},\ Dom(\psi_2) = \overline{D_{-}} \quad [8]$$

你如果寫 $Dom(\psi_2) = \overline{D_{-}} = R^2 \backslash D_{+}$，這是消極性排斥性的說法：點 $(p, q)$ 若在領域 $D_{+}$ 內，$\psi_2(p, q)$ 就沒有定義！而若點 $(p, q)$ 不在領域 $D_{+}$ 內，$\psi_2(p, q)$ 就有定義！

你如果寫 $Dom(\psi_2) = \overline{D_{-}} = \Gamma \cup D_{-}$，這是積極性的說法：若點 $(p, q)$ 在領域 $D_{-}$ 內，或者在曲線 $\Gamma$ 上，只要二者有其一，$\psi_2(p, q)$ 就有定義！

【例 1】 通常我們遇到的是單變數函數。例如

$$f_1(x) := 4x^3 - 2x^2 + 17;\ f_2(x) := 6x^3 + 5x - 58;$$

$$f_3(x) := \frac{4x^3 - 2x^2 + 17}{6x^3 + 5x - 58}$$

多項式函數是對於任何實數都可以定義的。因此：

$$Dom(f_1) = \mathbb{R},\ Dom(f_2) = \mathbb{R}$$

其次，兩個函數 $\varphi_1, \varphi_2$ 做加減乘三則運算所得的函數，其定義域，就是這兩個函數的定義域之**交截**，這是因為：只要兩

數 $\varphi_1(x), \varphi_2(x)$ 有定義，我們就可以拿它們做這三則運算。

不過，做除法時，就需要考慮分母為零的禁忌，因此，對於 $f_3$，我們先要算出 $f_2(x)=0$ 的實根。

此地倒是簡單：馬上試出一根 2，於是用

$$f_2(x)=(x-2)\cdot(6x^2+12x+29)$$

（而 $(6x^2+12x+29)$ 是**正定號**的二次函數：不管 $x$ 取了任何實數值，這二次式永遠為正，當然不為零。）就知道沒有其他的實根。因此

$$Dom(f_3)=\mathbb{R}\backslash\{2\}=(-\infty..2)\cup(2..\infty)$$

**例題 1**　如果 $f_4(x):=\sqrt{6x^2+12x+29}$, $f_5(x):=\sqrt{6+x-x^2}$,

$f_6(x):=f_4(x)-f_5(x)=\sqrt{6x^2+12x+29}-\sqrt{6+x-x^2}$

請問：這三個函數的定義域為何？

**解**　開平方是第五則運算！它對於負數沒有（實數值的）定義。

今 $f_4(x)$ 的根號內是 $6x^2+12x+29$，（如上已知）是**正定號**的二次函數，所以函數 $f_4$ 的定義域為 $Dom(f_4)=\mathbb{R}$。

其次，$f_5(x)$ 的根號內是 $6+x-x^2=-(x-3)(x+2)$，這是**不定號**的二次函數！事實上：若 $-2\le x\le 3$，則根號內是

$6+x-x^2=-(x-3)(x+2)\ge 0$。

在這個閉區間外，則：$6+x-x^2=-(x-3)(x+2)<0$，這就犯了開方的禁忌，因此 $Dom(f_5)=[-2..3]$。

於是：$Dom(f_6)=Dom(f_4)\cap Dom(f_5)=Dom(f_5)=[-2..3]$。

記號「∩」是**交截** (intersection) 的意思，可以讀做 cap，（以記號的外形像帽子！）也可以讀做 intersection，或者依漢譯，讀做交截。

◆**例題 2** 求函數 $f_7(x) := \frac{-3}{x-1} + \frac{-2}{(x-1)^2} + \frac{3}{x-2}$ 的定義域。

**解** 三個分式的定義域分別是

$$Dom(\frac{-3}{x-1}) = \mathbb{R}\backslash\{1\}$$

$$Dom(\frac{-2}{(x-1)^2}) = \mathbb{R}\backslash\{1\}$$

$$Dom(\frac{3}{x-2}) = \mathbb{R}\backslash\{2\}$$

於是：

$$\begin{aligned} &Dom(\frac{-3}{x-1} + \frac{-2}{(x-1)^2} + \frac{3}{x-2}) \\ &= (\mathbb{R}\backslash\{1\}) \cap (\mathbb{R}\backslash\{1\}) \cap (\mathbb{R}\backslash\{2\}) \\ &= (\mathbb{R}\backslash\{1, 2\}) = (-\infty..1) \cup (1..2) \cup (2..\infty) \end{aligned}$$

當然像這樣的題目，從外表一看就可以直接寫出答案來！

◆**例題 3** 求函數 $f_8(x) := \frac{3}{\sqrt{1-x}} - \sqrt{x-4}$ 的定義域。

**解** 顯然 $Dom(\frac{3}{\sqrt{1-x}}) = (-\infty..1)$；$Dom(\sqrt{x-4}) = [4..\infty)$，那麼：

$$\begin{aligned} Dom(f_8) &= Dom(\frac{3}{\sqrt{1-x}}) \cap Dom(\sqrt{x-4}) \\ &= (-\infty..1) \cap [4..\infty) = \varnothing \end{aligned}$$

【空集（合)】記號「∅」的意思是空集合 (empty set)。沒有任何東西在這個集合內。這集合空無一物。

無理分式 $\frac{3}{\sqrt{1-x}}$ 要有實數的值的話，必須 $x<1$。但是，無理式 $\sqrt{x-4}$ 要有實數的值的話，必須 $x \geq 4$。這兩個要求互相矛盾！不可能有一個實數同時合乎這兩個要求。因此函數 $f_8$ 對於任何實數 $x$ 都無法定義！

◈ **例題 4**　求函數 $f_9(x) := \frac{3}{x^3-1} - \frac{5}{x^5-1}$ 的定義域。

**解**　以下的**割圓恆等式**應該是你很熟悉的：

$$x^n - 1 = (x-1)\cdot(x^{n-1} + x^{n-2} + \cdots + x + 1) \qquad [9]$$

當 $n$ 為奇數時，$x^n - 1 = 0$ 就只有一個實數根 1。因此：顯然

$$Dom(\frac{3}{x^3-1}) = \mathbb{R}\backslash\{1\} = Dom(\frac{5}{x^5-1})$$

那麼，當然

$$\begin{aligned} Dom(f_9) &= Dom(\frac{3}{x^3-1}) \cap Dom(\frac{5}{x^5-1}) \\ &= (\mathbb{R}\backslash\{1\}) \cap (\mathbb{R}\backslash\{1\}) = \mathbb{R}\backslash\{1\} \\ &= (-\infty..1) \cup (1..\infty) \end{aligned}$$

**問 1** ———　請計算 $g_3(x) := g_1(x) - g_2(x)$，其中：

$$g_1(x) := \frac{1}{x-1} + \frac{-x-2}{x^2+x+1}$$

$$g_2(x) := \frac{1}{x-1} + \frac{-x^3-2x^2-3x-4}{x^4+x^3+x^2+x+1}$$

**答** ———

$$g_3(x) := \frac{-x-2}{x^2+x+1} + \frac{x^3+2x^2+3x+4}{x^4+x^3+x^2+x+1}$$

**問 2** ———　請通分：

$$g_1(x) := \frac{1}{x-1} + \frac{-x-2}{x^2+x+1} = ?$$

$$g_2(x) := \frac{1}{x-1} + \frac{-x^3-2x^2-3x-4}{x^4+x^3+x^2+x+1} = ?$$

**答** ———

$$g_1(x) = \frac{3}{x^3-1};\ g_2(x) = \frac{5}{x^5-1}$$

**問 3** —— 由問 1 的答案，求函數 $g_3$ 的定義域。

**答** ——

$$Dom(g_3) = Dom(\frac{-x-2}{x^2+x+1}) \cap Dom(\frac{x^3+2x^2+3x+4}{x^4+x^3+x^2+x+1})$$
$$= \mathbb{R} \cap \mathbb{R} = \mathbb{R}$$

**問 4** —— 請計算函數 $g_4$ 的定義域 $Dom(g_4)$，其中

$$g_4(x) := \frac{3}{x^3-1} - \frac{5}{x^5-1}$$

**答** ——

$$Dom(g_4) = Dom(\frac{3}{x^3-1}) \cap Dom(\frac{5}{x^5-1}) = \mathbb{R}\backslash\{1\}$$

【困擾】問 3 與問 4 需要對照思考！

- 在問 1 中，出現了三個分式有理函數 $k_0, k_1, k_2$，也就是：

  $$k_0(x) := \frac{1}{x-1};\ k_1(x) := \frac{-x-2}{x^2+x+1};\ k_2(x) := \frac{-x^3-2x^2-3x-4}{x^4+x^3+x^2+x+1}$$

  而定義域分別是：

  $$Dom(k_0) = \mathbb{R}\backslash\{1\};\ Dom(k_1) = \mathbb{R};\ Dom(k_2) = \mathbb{R}$$

  這是因為：$x=1$ 會讓有理函數 $k_0$ 的分母 $=0$。但是不管自變數 $x$ 為何，另外兩個分式有理函數 $k_1, k_2$，它們的分母永遠為正，不會是零。
- 因為 $g_1(x) = k_0(x) + k_1(x)$，所以

  $$Dom(g_1) = Dom(k_0) \cap Dom(k_1) = \mathbb{R}\backslash\{1\}$$

  完全同樣的理由，由 $g_2(x) := k_0(x) + k_2(x)$，也得到：

  $$Dom(g_2) = Dom(k_0) \cap Dom(k_2) = \mathbb{R}\backslash\{1\}$$
- 由問 1 的答案，

  $$g_3(x) = g_1(x) - g_2(x) = (k_0(x) + k_1(x)) - (k_0(x) + k_2(x))$$
  $$= k_1(x) - k_2(x)$$

不管自變數 $x$ 為何，我們永遠可以算出函數值 $k_1(x), k_2(x)$，這樣子就可以算出函數值 $g_3(x)=k_1(x)-k_2(x)$。應該說：函數 $g_3$ 的定義域就是全部的實數系 $\mathbb{R}$。不需要剔除任何實數。（特別是：$g_3(1)=k_1(1)-k_2(1)=1$。）

- 在問 4 中，我們定義了函數 $g_4$。要計算 $g_4(x)$，必須先算出 $h_1(x):=\frac{3}{x^3-1}$ 與 $h_2(x):=\frac{5}{x^5-1}$。
  然後相減：$g_4(x)=h_1(x)-h_2(x)$。
  因為：$Dom(h_1)=\mathbb{R}\backslash\{1\}=Dom(h_2)$，故 $Dom(g_4)$ 也一樣！
  $Dom(g_4)=\mathbb{R}\backslash\{1\}$。

有如問 2 的分式計算，可以算出來：$g_3(x)=g_4(x)$，但是在定義函數的時候，我們是從形式（外表）來計算的，因此它們是兩個不同的函數。如何個「不同」？定義域不同。

【函數的延拓與侷限】再說一遍：函數是機器。這兩個機器 $g_3$ 與 $g_4$，功能簡直是一樣的，除了一個例外，不論你放進什麼樣的「原料 $x$」，這兩部機器都會為你造出相同的產品 $g_3(x)=g_4(x)$。

但是，如果把這個例外的原料 $x=1$，放進機器 $g_3$，會幫你算出 $g_3(1)=1$。不過，把這個例外的原料 $x=1$，放進機器 $g_4$ 時，它卻拒絕工作！它把原料吐出來，附帶一個 error-message：「原料錯誤。不在我的定義域內。」

這是因為這部機器運作的第一步是把 $x$ 放進它的「部分機器」$h_1$ 與 $h_2$，分別造出中間產物 $h_1(x)$ 與 $h_2(x)$，再將兩者放進「相減機」（這也是 $g_4$ 的「部分機器」），才可以算出最終的產品 $g_4(x)$。如果你送入原料 $x=1$，它的第一步馬上「當機」了。

如果有兩個函數（即機器！），$\Phi_1, \Phi_2$，凡是前者應付得了的原料，後者必定也應付得了，並且造出來的產品一模一樣。

我們就說：後者是前者的**延拓** (extension)，前者是後者的**侷限** (restriction)。也許我們可以用記號來表示：

$$\Phi_1 \subset \Phi_2$$

數學上的定義註 5 是：

若 $x \in Dom(\Phi_1)$，則 $x \in Dom(\Phi_2)$，且 $\Phi_1(x) = \Phi_2(x)$

【連續的延拓】在微積分學中我們經常要把一個函數做延拓。用機器做譬喻，延拓之後的機器就可以應付某些原本應付不了的原料。

當一個函數的定義域不是一個完整的區間，而是有一 (些) 點被剔除掉時，我們常常就需要把這個函數做延拓，也就是對這些原本被剔除掉的點定義（延拓的）函數值。要如何取這樣的（延拓的）函數值呢？最簡單自然的想法就是：要讓延拓之後的函數「品行良好」。那麼這要怎麼解釋呢？

最簡單的解釋是說：這個函數在延拓之後可以保持「連續性」(因為通常是：本來的函數是連續的函數)。關於連續性我們後面再說明。

【例 2】 上述的 $g_4$，定義域（只）不含 1。$g_4(1)$ 沒有定義，當然**談不上**函數 $g_4$ 在這一點**是否有**連續性。至於函數 $g_3$，則是函數 $g_4$ 的延拓，而且是連續的函數，因此這是唯一自然的延拓。我們在後面提到隱函數、參變函數與反函數時，都需要考慮到連續性。

---

註 5　沒有數學國公民證的人最不習慣的是：數學國的慣例是採取寬容式的解釋，也就是說，允許 $\Phi_1 = \Phi_2$。在數學國，如果你想要再增加一個要求 $\Phi_1 \neq \Phi_2$，你就說 $\Phi_2$ 是 $\Phi_1$ 的狹義延拓，而 $\Phi_1$ 是 $\Phi_2$ 的狹義侷限。

## §0–5.3　顯隱參變函數與反函數

【有名 (named) 函數】 在上節的舉例中，我們都是臨時隨意地給了函數名稱。計有：$\psi_1, \psi_2, f_1, \cdots, f_9, g_1, g_2, g_3, g_4$，共 15 個。我們要強調：普遍被使用的函數記號，很少很少！在讀書或者讀文章的時候，必須注意到書中或文章中的函數是如何定義的，而且這個定義的效力，範圍有多大。(也許是在全本書中，固定使用這個函數名稱，也許只是使用在這一節，甚至於只是在這一個例題中。)

【無名函數】其實在上節的例題 2 到例題 4 中，已經使用了許多**無名** (unnamed) 函數。在例題 2 的解中，我們寫了 $Dom(\frac{-3}{x-1}) = \mathbb{R}\setminus\{1\}$。這句數學國的句子，漢譯是：「如果定義一個函數 $h$ 為 $h(x) := \frac{-3}{x-1}$，那麼這個函數 $h$ 的定義域就是實數系剔除掉 1。」

數學文的慣用語法是這樣的：寫「請微導 (differentiate) 函數 $\frac{-3}{x-1}$」。意思就是：「請微導函數 $h$，其中 $h(x) := \frac{-3}{x-1}$」。答案是 $\frac{3}{(x-1)^2}$，意思就是：「此微導函數為 $k$，其中 $k(x) := \frac{3}{(x-1)^2}$」。

如果文句中如上出現了 $h$ 或 $k$，那麼這兩個函數就是有名字的函數了；否則就是無名函數。這時候，出現的變數 $x$ 叫做**啞巴變數**。

所以，「請微導函數 $\frac{-3}{x-1}$」跟「請微導函數 $\frac{-3}{t-1}$」完全是同一回事！所說的函數都是指「把變數 $x$ 變為 $\frac{-3}{x-1}$ 的那個機器」，也就是「把變數 $t$ 變為 $\frac{-3}{t-1}$ 的那個機器」。

這裡不會有任何困擾，理由是：出現的啞巴變數（如 $x$ 或 $t$）唯一，所以明確。在微積分學的教科書中，或者考卷上，常常如此。

如果看到的文句是：「請微導函數 $\frac{-p+\sqrt{p^2-4q}}{2}$」，而沒有說清楚啞巴變數是指變數 $p$ 或者變數 $q$（或者兩變數 $(p, q)$），寫的人要負責任！

【偏函數】如果看到的文句是：「請將 $\frac{-p+\sqrt{p^2-4q}}{2}$，對 $q$ 微導」，那麼語句是清楚的。(如果沒有其他的指示，）這是把另外的變數 $p$ 當作常數。

如果兩個變數 $(p, q)$ 都自由變化，那麼，「函數 $\frac{-p+\sqrt{p^2-4q}}{2}$」，指的是兩變數 $(p, q)$ 的函數。

而如果把變數 $p$ 當作常數而固定，那麼，「函數 $\frac{-p+\sqrt{p^2-4q}}{2}$」，就成為單一變數 $q$ 的函數，這是原本的兩變數函數的偏函數。

當然，我們也可以考慮原本的兩變數函數的另外一個偏函數：把變數 $q$ 當作常數而固定，自變數是 $p$。

【物理學的習慣】（本書中提到「物理學」的地方，常常需要做廣義的解釋：意思是物理科學，或者是任何科學。）

物理學的討論中，會出現許多物理量，即是數學中的變數。物理學的論述，目的其實都是在建立這些變量之間的函數關係。可是物理學文章的習慣，卻是**變數導向**的，這就是說：幾乎從不考慮要臨時設定一個函數名稱。例如說，文章中出現了濃度 $c$，溫度 $T$，壓力 $p$，體積 $V$，能量 $U$，如果現在它考慮 $U$ 做

為 $c, T, p$ 的函數，它就寫 $U = U(c, T, p)$；如果現在它考慮 $U$ 做為 $c, T, V$ 的函數，它就寫 $U = U(c, T, V)$。當然我們知道，如果使用函數的記號，應該分別寫成 $U = f(c, T, p)$ 與 $U = g(c, T, V)$，而且絕對不可能出現 $f = g$。

數學（尤其是微積分）是科學的奴僕，為科學服役。所以我們在學習數學時，要特別注意以下幾件事。

第一：要注重「近似」，也要能掌握「理想的」東西。例如說，我們從國中開始就已經接觸到「理想氣體」了。真實的世界不可能有「理想氣體」這種東西，可是，我們學習理化的出發點就是這個東西！

第二：要注重「物理意義」。例如說，談到「理想氣體」，那麼就出現了這樣的函數關係

$$p = \frac{K}{V} \text{（假定溫度固定）}$$

當然，我們如果考慮物理意義，這裡必須 $V > 0, p > 0$。不必考慮：「若 $V < 0$，**則如何如何**」。這個情形，就相當於我們在國中時期遇到的應用問題，常常會出現：「所列的方程式有些根**不合題意**」的情形。

第三：我們說過：函數的觀念，就是因果律的表徵。而在某些情形下，我們需要有比「因果（函數）關係」更廣泛些的概念。就最簡單的只有兩變量 $u, v$ 的狀況來說，講「變量 $v$ 是變量 $u$ 的函數」，意思是：（原則上！）寫得出一個式子

$$v = f(u),\ u \in Dom(f) = \text{某個區間 } A \qquad [10]$$

而這樣的函數觀念可以有種種的變形推廣！

【函數的圖解法】我們主要是用圖解法來理解函數的概念。如果有 [10] 式那樣的函數 $f$，可以**想像**在一張坐標紙上，把橫軸

當作 $u$ 軸，把縱軸當作 $v$ 軸，在 $u$ 軸上取了函數 $f$ 的定義域（通常是區間）$A = Dom(f)$，於是對於集合 $A$ 的每一點 $u$ 都借助於 $f$ 算出 $v := f(u)$。然後就可以在坐標紙上，標出這一點 $(u, v)$，於是所有的這些點的全體，應該構成（連結成）一條曲線 $\Gamma$。這條曲線就是函數的圖解。

所以這裡的要點是：經過 $u$ 軸上定義域 $A$ 的任何一點 $a$，畫縱線，一定會交到 $\Gamma$，而且只有一個交點。這交點的縱坐標 $b$ 就是 $f(a)$，點 $a \in A$ 被 $f$ 作用的（成果 =）影 (image)。

【值域】數學上比較完整的說法還需要：從頭就標明縱軸（$v$ 軸）上，「函數值可能的範圍」（通常是區間）$B$。這叫做函數 $f$ 的值域。我們將暫時用記號 $Rge(f) = B$ 來表示。$Rge$ 就讀做 Range。這裡有個需要小心分辨的：我們是把值域解釋成事先劃定「函數值允許的，可能的範圍」。我們把影域（或影集合）(image set) 解釋為實際上所有得到的函數值的集合。

因此，影域通常沒有困擾。例如說兩個函數 sin, cos，（對於高中生）影域都是 $[-1..1]$；sec, csc 的影域都是 $\mathbb{R} \setminus (-1..1) = (-\infty..-1] \cup [1..\infty)$。但是值域要怎麼說呢？

【蓋射嵌射與對射】如果說清楚函數 $f$ 的值域 $B$，這就可以和橫軸（$u$ 軸）上函數的定義域 $A$ 相對照，那麼就可以問：

甲：經過縱軸（$v$ 軸）上值域 $B$ 的任何一點 $b$，畫橫線，一定會交到 $\Gamma$ 嗎？

乙：如果交到的話，一定是只有一個交點嗎？

這兩個問題，答案 Yes-No 都可能！

如果甲的答案是 Yes，我們就說：函數 $f$ 是個蓋射。

如果乙的答案是 Yes，我們就說：函數 $f$ 是個嵌射。

如果函數 $f$ 是個蓋射且是個嵌射，我們就說：函數 $f$ 是個對射。這時候函數圖解的縱橫對照就完全相當了。

於是我們就可以定義函數 $f$ 的反函數。我們將記做 $f^{-1}$。定義是：

「$f^{-1}(b)=a$」，相當於「$f(a)=b$」。

「$Dom(f^{-1})=B$」，相當於「$Rge(f)=B$」。

「$Rge(f^{-1})=A$」，相當於「$Dom(f)=A$」。

上述問題甲乙中的交點橫坐標 $a$，就是 $f^{-1}(b)$，也就是點 $b\in B$ 對於 $f$ 的反影 (pre-image)。

【例 1】　前面我們已經介紹了對數。如果 $e$ 是常數，以之為底的對數是自然對數 $\ln=\log_e$。

那麼定義域是 $Dom(\ln)=A=(0..\infty)$（正實數系），

而值域是 $Rge(\ln)=B=\mathbb{R}$（實數系），

於是這是個對射，而反函數存在。

反函數就是自然指數 $\ln^{-1}=\exp$。那麼，自然指數的

定義域是 $Dom(\exp)=B=Rge(\ln)=\mathbb{R}$（實數系），而

值域是 $Rge(\exp)=Dom(\ln)=A=(0..\infty)$（正實數系）。

【單調函數嵌射定理】設函數 $f$ 的定義域 $A$ 是區間。如果函數 $f$ 有狹義的遞增性（或者狹義的遞減性），則 $f$ 一定是個嵌射。

【連續函數盖射定理】　設連續函數 $f$ 的定義域 $A$ 含容了區間 $[a_1..a_2]$, $f(a_1)=b_1\neq f(a_2)=b_2$，那麼 $b_1$, $b_2$ 所圍的閉區間整個都含容於函數 $f$ 的影域內。

這個定理實質上就是高中數學已經提到的勘根定理：如果連續函數 $f$ 的定義域含容了區間 $[a_1..a_2]$，而 $f(a_1)\cdot f(a_2)<0$，那麼方程式 $f(x)=0$ 在這個區間內一定有根。（參見 p.68 中間值定理）

【再談反函數】上面已經說明了函數 $f$ 具有反函數的條件是：它在定義域 $Dom(f)=A$ 與值域 $Rge(f)=B$ 之間，構成對射。這樣通常「反函數」就很難存在了。

但是為什麼會（常常）聽到有「反三角函數」呢？像 sin，如果以 $90^\circ = \frac{\pi}{2}$ 的奇數倍當作分割點，那麼分割成一段一段，在每一段閉區間上面，sin 都是狹義遞增或者狹義遞減的連續函數，因此 sin 確實是把這樣的一段閉區間 $A$ 對射到閉區間 $B = [-1..1]$。於是我們就可以定義 sin 的反函數，從 $B = [-1..1]$ 到 $A$。這裡 $A$ 有無限多種選擇：

$$A_n := [(n - \frac{1}{2})\pi..(n + \frac{1}{2})\pi],\ n \in \mathbb{Z}$$

全世界都同意：取 $A_0 = [-\frac{\pi}{2}..\frac{\pi}{2}]$，當作「反正弦函數」$\sin^{-1}$ 的主值 (principal value) 之值域。這個「反函數」就是你在電算器上所見到的。（我們的記號則是 arcsin。）

類似地，反正切函數主值之值域則是：$A_0 = (-\frac{\pi}{2}..\frac{\pi}{2})$（我們必須棄掉兩端！）。定義域是 $\mathbb{R}$。（我們的記號則是 arctan。）

至於 cos，則是以 $180^\circ = \pi$ 的整數倍當作分割點：

$$A_n := [n\pi..(n+1)\pi],\ n \in \mathbb{Z}$$

而全世界都同意：取 $A_0$，當作「反餘弦函數」$\cos^{-1}$ 的主值之值域。這個「反函數」也就是你在電算器上所見到的。（我們的記號則是 arccos。）

【例 2】 在國中已經學過：平方函數（分成兩段）在 $[0..\infty)$ 上，或者在 $(-\infty..0]$ 上，是狹義遞增或者狹義遞減的。

而全世界都同意：取 $\mathbb{R}_+ := [0..\infty)$，當作「反平方函數」$\sqrt{\bullet}$ 的主值之值域。定義域也是 $\mathbb{R}_+$。這個「開平方」的書寫體，我們是用 sqrt(= square-root)。

【隱函數】科學的探討中，外表上最常出現的情況不是把一個變量明顯地寫成別的變量的函數。通常是先得到方程式來聯繫這些變量。明顯寫出函數關係的話，就是可以分辨自變數與依

賴變數。解析幾何地說：通常是畫出一條曲線

$$\Gamma : \varphi(x, y) = 0$$

可是通常它不是一個函數的圖解曲線：既不能寫成 $y = f(x)$，也不能寫成 $x = g(y)$。

但是在許多情形下，我們常常可以局部地寫出函數關係！

【例 3】（標準的）Descartes 的蔓葉線是

$$\Gamma : x^3 + y^3 - 3xy = 0 \qquad [11]$$

由方程式的外表就知道：$x, y$ 兩者是完全對稱的。那麼我們只要追究：要怎麼樣來把 $y$ 看成依賴變數，表示為 $x$ 的函數。

代數地說：這是把 $x$ 看成已知，解未知數 $y$。

實際上，這是 $y$ 的三次方程式，

而在 $0 < x < \sqrt[3]{4}$ 時，會有三個相異實根，

在 $x < 0$ 與 $\sqrt[3]{4} < x$ 時，都只有一個實根。

微分學將告訴我們，可將曲線 $\Gamma$ 分成三段（或三支）：

$$\Gamma = \Gamma_1 \cup \Gamma_2 \cup \Gamma_3$$

$$\begin{aligned} &\Gamma_1 : y = f_1(x), \ (-\infty < x \le \sqrt[3]{4}) \\ &\Gamma_2 : y = f_2(x), \ (0 \le x \le \sqrt[3]{4}) \\ &\Gamma_3 : y = f_3(x), \ (0 \le x < \infty) \end{aligned} \qquad [12]$$

三個函數 $f_j$ 都是連續的。

【參變函數】有時，我們的目的雖然是要追究兩個變量 $x$ 與 $y$ 的函數關係，想要知道：變量 $y$ 的變動，會怎麼個樣子地引起變量 $x$ 的變化。可是，給我們的資訊則是：這兩個變量 $x$ 與 $y$ 都是另外一個變量 $t$ 的函數：

$$x = \varphi(t), \ y = \psi(t), \ (t \in I)$$

這樣的 $t$ 叫做參變量，區間 $I$ 叫做參變區間。想要得到的函數關係 $y = f(x)$ 就是隱藏於上述兩個函數式子中的「參變函數」。

當然這樣講的「参變函數」，還只是虛擬的存在！經常是：我們可以證明這樣的函數關係局部地存在，但是要明顯寫出卻很困難且麻煩。

通常能夠寫出如上的「参變函數」關係式，就很方便於我們的探討了，說不定是比寫出來的顯明函數 $y=f(x)$ 更方便。

例如：坐標平面上有一個質點在運動，運動的時段是區間 $I$。質點在時刻 $t\in I$ 的瞬間，位置的橫坐標是 $x=\varphi(t)$，而縱坐標是 $y=\psi(t)$。如此，$x$ 與 $y$ 之間的函數關係只是参變的。

【例 4】 上述 Descartes 的蔓葉線，有以下参變的表達方式：

$$x=\frac{3t}{1+t^3},\ y=\frac{3t^2}{1+t^3} \qquad [13]$$

你只要將此式代入原來的式子 [11]，就驗明了這個表達式正確無誤。

這裡沒有寫出参變區間，會讓你以為参變區間就是實數系 $\mathbb{R}$。實際上，這樣子想，是又對又錯。因為現在是：$x$ 與 $y$ 都是参變數 $t$ 的有理分式函數，於是「分母為零」就是我們必須審慎思考之處！

分母三次式 $1+t^3$ 只有一個為零之處：$t=-1$。所以，参變領域 $J$ 不是單一個區間，而是被 $t=-1$ 割斷的兩個區間之聯集：

$$J:=\mathbb{R}\setminus\{-1\}=(-\infty..-1)\cup(-1..\infty)$$

進一步的討論留到下一節，現在只是指出：應該寫成

$$J=J_\ell\cup J_c\cup J_r$$

$$J_\ell=(-1..0],\ J_c=[0..\infty),\ J_r=(-\infty..-1)$$

参變區間 $J_\ell$ 對應到（落在第二象限的）左段 (left) 曲線，

参變區間 $J_r$ 對應到（落在第四象限的）右段 (right) 曲線，

参變區間 $J_c$ 對應到（落在第一象限的）中段 (central) 曲線。

【例 5】　標準橢圓通常是寫成方程式：

$$\frac{x^2}{a^2}+\frac{y^2}{b^2}=1 \qquad [14]$$

這就有標準的參變表達式：

$$x=a\cdot\cos(t),\ y=b\cdot\sin(t),\ 0\le t\le 2\pi \qquad [15]$$

**習　題** ——　請將如下的隱函數曲線表達成參數方程式：

$$x^{\frac{2}{3}}+y^{\frac{2}{3}}=1$$

# 第 1 章　極限與連續性

## §1–1　極限

【心理建設】微積分學建築在極限的概念之上。而極限的概念其實是我們的一種良知良能。本書將訴諸於你的直覺，不打算對於這概念做太多的說明。但是你必須能掌握極限的記號，因此你必須會讀得出來「涉及極限的式子」。

【基本句式】如下的式子，怎麼讀？

$$\lim_{x \to c} f(x) = \lambda \tag{1}$$

「當 $x$ 趨近 $c$ 時，$f$ of $x$ 趨近 $\lambda$」。

【在無窮遠處的極限】我們先談上面這個式子中 $c$ 為無窮大的情形。這可以有種種的形狀。

$$\begin{array}{ll} \text{甲} & \lim_{n \uparrow \infty} g_n = \lambda \\ \text{乙} & \lim_{x \uparrow \infty} G(x) = \lambda \\ \text{丙} & \lim_{n \downarrow -\infty} g_n = \lambda \\ \text{丁} & \lim_{x \downarrow -\infty} G(x) = \lambda \\ \text{戊} & \lim_{|n| \to \infty} h_n = \lambda \\ \text{己} & \lim_{|x| \to \infty} H(x) = \lambda \end{array} \tag{2}$$

甲「當足碼 $n$ 趨近正無窮大時，$g$ sub $n$ 趨近 $\lambda$」。

乙「當變數 $x$ 趨近正無窮大時，$G$ of $x$ 趨近 $\lambda$」。

丙「當足碼 $n$ 趨近負無窮大時，$g$ sub $n$ 趨近 $\lambda$」。

丁「當變數 $x$ 趨近負無窮大時，$G$ of $x$ 趨近 $\lambda$」。

戊「當足碼 $n$ 趨近正或負無窮大時，$h$ sub $n$ 趨近 $\lambda$」。

己「當變數 $x$ 趨近正或負無窮大時，$H$ of $x$ 趨近 $\lambda$」。

【具體的例子】

$$甲_0\quad \lim_{n\uparrow\infty}(\frac{3\cdot 2^n-4\cdot 5^n}{6\cdot 2^n+7\cdot 5^n})=-\frac{4}{7}$$

$$乙_0\quad \lim_{x\uparrow\infty}(\frac{3\cdot 2^x-4\cdot 5^x}{6\cdot 2^x+7\cdot 5^x})=-\frac{4}{7}$$

$$丙_0\quad \lim_{n\downarrow-\infty}(\frac{3\cdot 2^n-4\cdot 5^n}{6\cdot 2^n+7\cdot 5^n})=\frac{1}{2}$$

$$丁_0\quad \lim_{x\downarrow-\infty}(\frac{3\cdot 2^x-4\cdot 5^x}{6\cdot 2^x+7\cdot 5^x})=\frac{1}{2}$$

$$戊_1\quad \lim_{|n|\to\infty}(\frac{n^2+3n-7}{2n^2-7n+4})=\frac{1}{2}$$

$$己_1\quad \lim_{|x|\to\infty}(\frac{x^2+3x-7}{2x^2-7x+4})=\frac{1}{2}$$

當然你知道**句式戊**是表示**句式甲**與**句式丙**同時成立：

$$\lim_{n\uparrow\infty}h_n=\lambda，而且\lim_{n\downarrow-\infty}h_n=\lambda$$

而**句式己**是表示**句式乙**與**句式丁**同時成立：

$$\lim_{x\uparrow\infty}H(x)=\lambda，而且\lim_{x\downarrow-\infty}H(x)=\lambda$$

注意到：**標的** (target) $+\infty$（正無限大）可以省略為 $\infty$（無限大)。更重要的是：這六個式子中的**箭頭**分成向上向下，其實是不必要的。(只有向上，才可能走向正無限大，只有向下，才可能走向負無限大。)（尤其古時候印刷記號不方便，）所以我們見到的箭頭記號只有一種。

（請你再讀一遍 [2] 式。）

**問** ——— 下面兩句話是什麼意思？

$$庚_2\quad \lim_{n\to\pm\infty}(\frac{2^n-5^n}{2^n+5^n})=\mp 1$$

$$辛_2\quad \lim_{x\to\pm\infty}(\frac{2^x-5^x}{2^x+5^x})=\mp 1$$

答 ———

出現 ± 與 ∓ 時，都是一次講兩句話！上下要對應！

$$\text{庚}_2 \quad \lim_{n\uparrow\infty}\left(\frac{2^n-5^n}{2^n+5^n}\right)=-1\text{；而且}\lim_{n\downarrow-\infty}\left(\frac{2^n-5^n}{2^n+5^n}\right)=1$$

$$\text{辛}_2 \quad \lim_{x\uparrow\infty}\left(\frac{2^x-5^x}{2^x+5^x}\right)=-1\text{；而且}\lim_{x\downarrow-\infty}\left(\frac{2^x-5^x}{2^x+5^x}\right)=1$$

問 ——— 下面兩句話是什麼意思？

$$\text{戊}_1{}' \quad \lim_{n\to\pm\infty}\left(\frac{n^2+3n-7}{2n^2-7n+4}\right)=\frac{1}{2}$$

$$\text{己}_1{}' \quad \lim_{x\to\pm\infty}\left(\frac{x^2+3x-7}{2x^2-7x+4}\right)=\frac{1}{2}$$

答 ———

左側出現 ±，都是一次講兩句話！但右側沒有上下，因此左側的上下都對應到同樣的右側！故這兩個式子分別就是戊$_1$與己$_1$。

【註解】只有甲乙兩種句式比較重要。事實上，丙可以用甲表達成：

$$\text{丙}:\lim_{n\to\infty} g_{-n}=\lambda$$

【啞巴變數與啞巴足碼】以上，甲、丙、戊、庚，是講數列的極限；而乙、丁、己、辛，是講函數在正或負無限遠處的極限。數列也是「函數」！只不過其自變數是**離散的** (discrete)，±1, ±2, ±3, …，於是通常把啞巴變數改叫做啞巴足碼。足碼就寫在數列（名稱）的腳下，所以（用英文）讀法是 sub，不用（括號式的）of。

啞巴變數最常用的（慣例）是 $x$，如有時間的意味，也許用 $t$；啞巴足碼最常用的（慣例）是 $n$。

不過，必須一再強調：$\lim\limits_{n\uparrow\infty} g_n$ 與 $\lim\limits_{m\to\infty} g_m$ 是完全相同的東西！

而 $\lim\limits_{x\uparrow\infty} G(x)$ 與 $\lim\limits_{\theta\to\infty} G(\theta)$ 也是完全相同的東西！

【副詞子句】寫在 lim 下方的是**副詞子句**，「當（啞巴變數）趨近（目標）時」。也有的是寫在 lim 右下方。

【備註】以上，我們是特意讓甲乙丙丁戊己庚辛成為離散變數與連續變數成一對一對的極限式。那麼 $g_n = G(n)$，於是：離散變數的極限式就成了連續變數的極限式之特例。

【例戊$_1$與例己$_1$】令 $G(x) := \dfrac{x^2+3x-7}{2x^2-7x+4}$，那麼，

$$g_n = G(n) = \frac{n^2+3n-7}{2n^2-7n+4}$$

用電算器計算一下：$g_{1000}, g_{10^5}, g_{10^6}, g_{10^7}$。

當 $n = 10^6$ 時，$g_n$ 與極限 $\dfrac{1}{2}$ 的差距 $< \dfrac{4}{10^6}$；

當 $n = 10^7$ 時，$g_n$ 與極限 $\dfrac{1}{2}$ 的差距 $< \dfrac{4}{10^7}$；

你很快就證明了（= 明瞭了）這個極限式例己$_1$。於是例戊$_1$也就得證。實際上，只要 $x \geq K \geq 10^6$，必定有：

$$\left| G(x) - \frac{1}{2} \right| < \frac{4}{K}$$

【在有窮遠處的極限】現在我們轉到

天　$\lim\limits_{x\uparrow c} f(x) = \lambda$

地　$\lim\limits_{x\downarrow c} f(x) = \lambda$

人　$\lim\limits_{x\to c} f(x) = \lambda$

的解釋，而 $c$ 是個有限的數，而不是上述甲到辛的 $\pm\infty$。

　　先看如下兩個簡單的例子：

$$天_1 \quad \lim_{x\uparrow 1}(\sqrt{1-x^2}+2x)=2$$

$$地_1 \quad \lim_{x\downarrow -1}(\sqrt{1-x^2}+2x)=-2$$

這裡的函數是 $f(x):=\sqrt{1-x^2}+2x$，定義域 $Dom(f)=[-1..1]$。而兩端點是 $-1, 1$。於是，（天$_1$式）在右端 1，變數（**動點**）$x$ 只能從左「往右」（或叫往上）趨近；（地$_1$式）在左端 $-1$。變數 $x$ 只能從右「往左」（或叫往下）趨近。

【單側極限】以上這兩個例子，因為**目標點**是函數定義區間的端點，因此趨近的方向並無選擇！也就是說：

記號上的 $\lim_{x\uparrow 1}$，如果改寫為 $\lim_{x\to 1}$ 是**無法誤解為** $\lim_{x\downarrow 1}$ 的。

記號上的 $\lim_{x\downarrow -1}$，如果改寫為 $\lim_{x\to -1}$，是**無法誤解為** $\lim_{x\uparrow -1}$ 的。

這樣說的意思是：

天$_1$式，狀況類似於甲$_0$，乙$_0$；地$_1$式，狀況類似於丙$_0$，丁$_0$。

【可能的誤解】雖然類似，但是稍有不同！因為在「甲乙丙丁」的例子中，**目標點**是 $+\infty, -\infty$，絕不會是函數定義區間的一點，而這裡「天地」的例子中，**目標點**是 $+1, -1$，恰好是函數的定義域（閉區間！）的一點。

　　這樣子就可能引起一種誤解！**如果你以為：**

天$_1$式，地$_1$式只不過是在函數的定義式 $f(x):=\sqrt{1-x^2}+2x$ 中，分別用 $x=1, x=-1$ 代入而已，那麼**你就有點錯了！**

天$_1$是說：「當變數 $x$ 小於 1 而趨近 1 時，$f$ of $x$ 趨近 2」。

地$_1$是說：「當變數 $x$ 大於 $-1$ 而趨近 $-1$ 時，$f$ of $x$ 趨近 $-2$」。

【正確的理解】

天$_1$式，與 $f(1)$ 有無定義，完全無關！你應該**當作它沒有定義**來思考！

地₁式，與 $f(-1)$ 有無定義，完全無關！你應該**當作它沒有定義**來思考！

【分別考慮兩側】現在把上面兩例子中的目標點改為定義區間內的一點，例如 0，則：

$$\text{人}_1 \quad \lim_{x\to 0}(\sqrt{1-x^2}+2x)=1$$

我們是把這一個式子解釋為：分別考慮左右兩側的極限，而二者相等。換句話說，上式就等於：

$$\lim_{x\uparrow 0}(\sqrt{1-x^2}+2x)=1\text{，而且 }\lim_{x\downarrow 0}(\sqrt{1-x^2}+2x)=1$$

依照相同的解釋，我們有：

**基本三角極限公式**

$$\lim_{x\to 0}(\frac{\sin(x)}{x})=1=\lim_{x\to 0}(\frac{x}{\sin(x)}) \qquad [3]$$

讓我再提醒你：這個式子中的函數 $\frac{x}{\sin(x)}$ 在 $x=0$ 處，（先天的）沒有定義。而人$_1$處的函數在 $x=0$ 處，（先天的）有定義。可是，兩個式子的解釋卻是依照同樣的理解：把函數當作在 $x=0$ 處沒有定義，分別算出左右兩側的極限，**如果相等的話**，就是**雙側極限**。否則雙側極限就不存在了！

現在我們就約定用 sinc($x$) 表 $\frac{\sin(x)}{x}$（參見 §1.4 [2], p.67）

**習　題**——　基本三角極限公式中的角度當然是用弧度制。也就是說

$$1^\circ=\frac{\pi}{180}\approx 0.017453292$$

若 $\theta=1^\circ$，請（用電算器！）計算 sinc($\theta$)。

◆**例題 1** 試找出一個很小的正數 $\delta$，使得：$\text{sinc}(\delta) > 1 - 0.001$。

（當然你馬上看出來：當 $0 < \theta < \delta$ 時，$\text{sinc}(\theta) > 1 - 0.001$。）

**解** $\text{sinc}(1^\circ) = 0.999949231$。故 $\delta = 1^\circ = 0.017453292$ 就夠了！

◆**例題 2** 【正負符號函數】求：$\lim_{x\to 0}\frac{x}{|x|} = ?$

**解** 我們必須先分別算出左右兩側的極限，但是：

$\frac{x}{|x|} = 1$，當 $x > 0$，而 $\frac{x}{|x|} = -1$，當 $x < 0$，因此，

$$\lim_{x\uparrow 0}\frac{x}{|x|} = -1\text{，而且 }\lim_{x\downarrow 0}\frac{x}{|x|} = 1$$

結論是：所求的雙側極限不存在！

【對記號的註解】以上的極限式子在 lim 下方之副詞子句中的**箭頭**，分成向上、向下與向右的三種，前兩種是強調「單側的極限」。如果不需要強調，我們將寫成**向右的箭頭**。「不需要」的意思有兩種：

一種是本來就只能有單一側極限的可能；

另一種是「左右兩側的單側極限相等」。

總之：對於記號的筆畫，可省則省，除非為了強調！

那麼我們再提醒：很多人的寫法，（尤其古時候印刷記號不方便，）**箭頭記號只有向右一種**，那該如何寫？

這就是用 $\lim_{x\to c-} f(x)$ 代替我們的 $\lim_{x\uparrow c} f(x)$，

用 $\lim_{x\to c+} f(x)$ 代替我們的 $\lim_{x\downarrow c} f(x)$。

【不要那麼死板！】英文書中，有時就把句式（人式），寫成：

$$\text{As } x \to c, f(x) \to \lambda$$

或者用倒置式的英文：

$$f(x) \to \lambda, \text{ as } x \to c$$

如果是用這樣的英文寫法，那麼主要子句是「$f(x) \to \lambda$」漢譯是「$f(x)$ 趨近 $\lambda$」。動詞的「趨近」就是用「$\to$」表示了，與副詞子句相同。但是在句式（人式）中，主要子句是「$\lim f(x) = \lambda$」，主要子句的動詞「趨近」，是用「$\lim \bullet = \bullet$」表達，而不是副詞子句的 $\to$。

【以無限大為極限值】令 $G(x) := \dfrac{x^2+3x-7}{2x^2-7x+4}$，那麼這個有理函數的定義域不是整個實數系 $\mathbb{R}$，這是因為分母有可能為零：「$2x^2-7x+4=0$」當 $x=\alpha := \dfrac{7-\sqrt{17}}{4}$，或 $x=\beta := \dfrac{7+\sqrt{17}}{4}$

$$\lim_{x\to\alpha\pm} G(x) = \mp\infty$$

$$\lim_{x\to\beta\pm} G(x) = \mp\infty$$

亦即：

$$\lim_{x\uparrow\alpha} G(x) = -\infty$$

$$\lim_{x\downarrow\alpha} G(x) = \infty$$

$$\lim_{x\uparrow\beta} G(x) = -\infty$$

$$\lim_{x\downarrow\beta} G(x) = \infty$$

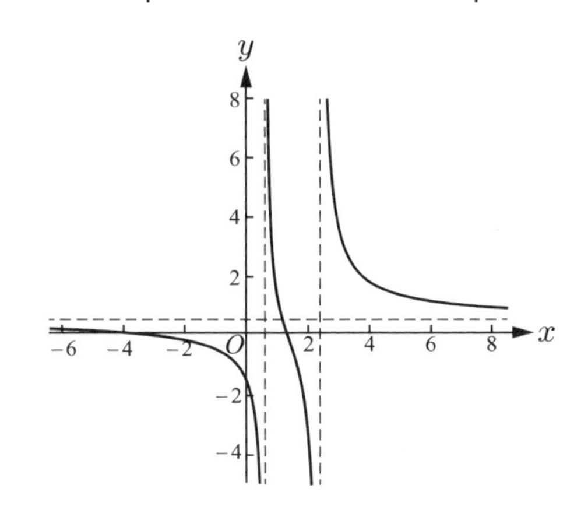


當 $x$ 趨近 $\alpha$ 或者趨近 $\beta$ 時，分母趨近零，但是分子趨近一個不為零的實數，於是函數值 $G(x)$ 的絕對值趨近無窮大。其實在這個例子中，我們可以（應該）分別考慮從哪一側趨近。

結果是：當 $x$ 從左側趨近 $\alpha$ 時，$G(x)$ 趨近負無窮大；
　　　　當 $x$ 從右側趨近 $\alpha$ 時，$G(x)$ 趨近正無窮大。

同樣地：當 $x$ 從左側趨近 $\beta$ 時，$G(x)$ 趨近負無窮大；
　　　　當 $x$ 從右側趨近 $\beta$ 時，$G(x)$ 趨近正無窮大。

【註：有正負號的無限大與無號的無限大】上面的寫法，出現的無限大是有正負號之分的無限大。如果你想說的意思是：「當

$x$ 不管從哪一側趨近 $\alpha$ 時，$G(x)$（的絕對值）都趨近無窮大。」那麼我建議寫成：

$$\lim_{x\to\alpha}\left|G(x)\right| = \infty$$

例如：

$$\lim_{x\uparrow\frac{\pi}{2}} \tan(x) = +\infty^{\text{註 1}}$$

$$\lim_{x\downarrow\frac{\pi}{2}} \tan(x) = -\infty$$

$$\lim_{x\to\frac{\pi}{2}} \left|\tan(x)\right| = \infty$$

$$\lim_{x\to 2} \frac{1}{(x-2)^2} = +\infty$$

$$\lim_{x\to 2} \left|\frac{1}{(x-2)^3}\right| = \infty$$

頭兩個式子可以合併成為一個式子：

$$\lim_{x\to\frac{\pi}{2}\pm} \tan(x) = \mp\infty$$

這樣子是比第三個式子更明確些！同樣地，如下的式子是比上述最後的式子更明確些！

$$\lim_{x\to 2\pm} \frac{1}{(x-2)^3} = \pm\infty$$

## §1–2 極限的操作與基本性質

我們枚舉一些關於極限操作的基本規則。這些規則很顯然，證明卻也夠長，因此不加證明了。這些規則對於連續或離散的變數同樣適用，但我們只寫一種情形。

---

註 1　當然有人認為：正無窮大應該寫成 $+\infty$，絕不省略 $+$ 號。那麼**無號的無窮大**，就寫成 $\infty$，與正無窮大 $+\infty$，絕不相同。(我有些贊成。但是本書採用最安全的寫法！)

**運算規則**

若 $\lim_{x\to a} f(x)=\lambda$ 及 $\lim_{x\to a} g(x)=\mu$，則

$$\lim_{x\to a}(f(x) \divideontimes g(x))=\lambda \divideontimes \mu \qquad [1]$$

這裡我們暫時用※表示加減乘除四則運算之一，不過若是除法，就多加一個要求：$\mu\neq 0$。

**開方的規則**

開方當然也是一種運算：

$$若 \lim_{x\to a} f(x)=\lambda，則 \lim_{x\to a}\sqrt[m]{f(x)}=\sqrt[m]{\lambda} \qquad [2]$$

◆**例題 1**　求 $\lim_{x\to 4}(\frac{\sqrt{1+2x}-3}{\sqrt{x}-2})$。

**解**　用「反有理化因式法」！

今此**分式** $=(\frac{\sqrt{1+2x}-3}{\sqrt{x}-2})\cdot(\frac{\sqrt{x}+2}{\sqrt{x}+2})\cdot(\frac{\sqrt{1+2x}+3}{\sqrt{1+2x}+3})$

$$=\frac{1+2x-9}{x-4}\cdot(\frac{\sqrt{x}+2}{\sqrt{1+2x}+3})$$

$$=\frac{2(x-4)}{x-4}\cdot(\frac{\sqrt{x}+2}{\sqrt{1+2x}+3})=2\cdot(\frac{\sqrt{x}+2}{\sqrt{1+2x}+3})$$

於是所求極限為 $2\cdot\frac{2+2}{3+3}=\frac{4}{3}$

**習　題**

1. 求 $\lim_{x\to 0}(\frac{\sqrt{a^2+x}-a}{x})$，但 $a>0$。
2. 求 $\lim_{x\to 0}(\frac{\sqrt{a^2+ax+x^2}-\sqrt{a^2-ax+x^2}}{\sqrt{a+x}-\sqrt{a-x}})$，但 $a>0$。

◆**例題 2** 求極限 $\lim_{n\uparrow\infty}\frac{n-n^2}{5+3n^2}$。

**解** 要點是：「分子分母同除以 $n^2$」，就豁然開朗了！答案是 $\frac{1}{3}$。

◆**例題 3** 求 $\lim_{x\uparrow\infty}(\frac{\sqrt{x}+\sqrt[3]{x}+\sqrt[4]{x}}{\sqrt{2x+1}})$。

**解** 要點是：「分子分母同除以 $\sqrt{x}$」，就豁然開朗了！

$$\text{今此式}=\lim_{x\uparrow\infty}(\frac{\sqrt{1}+\sqrt[6]{\frac{1}{x}}+\sqrt[4]{\frac{1}{x}}}{\sqrt{2+\frac{1}{x}}})=\frac{1}{\sqrt{2}}$$

**夾擊原則**

假設三個函數 $f, g, h$。
滿足：$f(x)\le g(x)\le h(x)$，且 $\lim_{x\to a}f(x)=\lambda=\lim_{x\to a}h(x)$，則

$$\lim_{x\to a}g(x)=\lambda \qquad [3]$$

◆**例題 4** 求極限 $\lim_{n\to\infty}\sqrt[n]{n}$。

**解** 因 $\sqrt[n]{n}>1$，故可設 $\sqrt[n]{n}=1+u_n$，其中 $u_n>0$

由二項式公式，當 $n>1$ 時

$$1+n\cdot u_n+\frac{n(n-1)}{2}u_n^2+\cdots+u_n^n>\frac{n(n-1)}{2}u_n^2$$

因此 $\sqrt{\frac{2}{n-1}}\ge u_n>0$

令 $n$ 趨近無窮大，因：

$$\lim_{n\to\infty}\sqrt{\frac{2}{n-1}}=0$$

故由夾擊原則，得知 $\lim_{n\uparrow\infty} u_n = 0$。從而

$$\lim_{n\to\infty} \sqrt[n]{n} = \lim_{n\to\infty}(1+u_n) = 1$$

**習　題** ——— 求下列的極限。

1. $\lim_{n\to\infty} \dfrac{1+2+3+4+\cdots+n}{n^2}$
2. $\lim_{n\to\infty} \dfrac{1^2+2^2+3^2+4^2+\cdots+n^2}{n^3}$
3. $\lim_{n\to\infty} \dfrac{1^3+2^3+3^3+4^3+\cdots+n^3}{n^4}$　（猜一猜吧！）
4. $\lim_{x\uparrow\infty} \dfrac{(x-1)(x-2)(x-3)(x-4)(x-5)}{(5x-1)^5}$
5. $\lim_{x\to 1} \dfrac{x^m-1}{x^n-1}$　〔提示：$\lim_{x\to 1} \dfrac{x^m-1}{x-1} = ?$〕
6. $\lim_{x\to 3} \dfrac{\sqrt{x+13}-2\sqrt{x+1}}{x^2-9}$
7. $\lim_{x\downarrow a} \dfrac{\sqrt{x}-\sqrt{a}+\sqrt{x-a}}{\sqrt{x^2-a^2}}$

【變數代換】如果 $m$ 是自然數，我們馬上看出

$$\lim_{x\to 1} \frac{x^m-1}{x-1} = m \qquad [4]$$

當然這個極限公式可以寫成如下的形狀：

$$\lim_{x\to 0} \frac{(1+x)^m-1}{x} = m \qquad [5]$$

應該說 [5] 式比較簡單：我們可以利用**二項式定理**

$(1+x)^m = 1 + m\cdot x + \dfrac{m(m-1)}{2}\cdot x^2 + \cdots + x^m$，馬上算出

$$\frac{(1+x)^m-1}{x} = m + C_2^m x + C_3^m x^2 + \cdots + x^{m-1}$$

其中的

$$C_j^m = \frac{m(m-1)(m-2)\cdots(m-j+1)}{j!}$$

是**二項係數**（也就是組合數）。於是，再取極限就好了！

把 [5] 式中的 $x$，改寫為 $X$（啞巴變數可以任意改寫！），得：

$$\lim_{X\to 0}\frac{(1+X)^m-1}{X}=m$$

現在再把 $X$ 改用 $X:=x-1$ 代入。

因為 $X=x-1$，所以「$X$ 趨近零」這句話就等於「$x-1$ 趨近零」這句話，因此也就等於「$x$ 趨近 1」這句話。所以就證明了 [4] 式。這是常用的變數代換的技巧。

## §1–3 無限級數

【註解】中學以前，也許「級數」一詞，比「數列」還更常見。大學以上，應該熟悉「數列」這一個更廣泛有用的名詞。

在中學所談的級數或數列常常是有窮的，但也可以是無窮的。我們在上面已經談到無窮數列的極限。那麼「無窮級數」就很容易解釋了。

【例 1】 甲 $1+\frac{1}{2}+\frac{1}{4}+\frac{1}{8}+\frac{1}{16}+\cdots=2$

或者寫：乙 $1+\frac{1}{2}+\frac{1}{4}+\frac{1}{8}+\cdots+\frac{1}{2^n}+\cdots=2$。

或者寫：丙 $\sum_{n=0}^{\infty}\frac{1}{2^n}=2$。

甲乙丙所敘述的是完全相同的事。那麼何以寫法不同？乙的寫法當然是比甲囉嗦一些。也就是說：甲是乙的簡寫。這樣的簡寫可行不可行？為何可行？當然是因為我們假定：所有的「讀者」讀到這樣的甲式，都會同意接下去的一項是 $\frac{1}{32}$，而再接下去的一項是 $\frac{1}{64}$，這樣一直下去。這樣子的假定，先決條件是：「讀者」很單純，「寫者」也很單純！(總而言之一句話：從頭就假定所討論的問題很簡單！)

【請問】如果我把甲改為如下的一個式子，你認為可以接受嗎？

$$甲_4 \quad 1+\frac{1}{2}+\frac{1}{4}+\frac{1}{8}+\cdots=2$$

$$甲_3 \quad 1+\frac{1}{2}+\frac{1}{4}+\cdots=2$$

$$甲_2 \quad 1+\frac{1}{2}+\cdots=2$$

$$甲_1 \quad 1+\cdots=2$$

所以，以嚴格的數學標準，甲的寫法是不合法的！但是乙丙的寫法都可以接受——有寫出通項。實際上，由這個通項 $\frac{1}{2^n}$ 就知道丙式中的起始的足碼一定是 $n=0$，因為 $1=\frac{1}{2^0}$ 才是右側出現的起始項。

因此我們知道：起始項的足碼不一定是 $n=1$。並且在數學國中，講「第零項」是很自然的！(有時甚至於是「最方便的」。)

我們由丙式中的那種寫法加以延伸，就可以寫出如下的式子：

$$丙_3 \quad \sum_{n=3}^{\infty}\frac{1}{2^n}=\frac{1}{4}$$

$$丙_5 \quad \sum_{n=5}^{\infty}\frac{1}{2^n}=\frac{1}{16}$$

$$丙_{-2} \quad \sum_{n=-2}^{\infty}\frac{1}{2^n}=\frac{1}{8}$$

以上的例子是收斂的無窮等比級數。如果具體地談丙$_{-2}$，我們是有一個數列

$$(f_{-2}, f_{-1}, f_0, f_1, f_2, f_3, \cdots)=(\frac{1}{2^{-2}}, \frac{1}{2^{-1}}, \frac{1}{2^0}, \frac{1}{2}, \cdots, \frac{1}{2^n}, \cdots)$$

這個數列的第 $n$ 項是 $f_n = \frac{1}{2^n}$，但是足碼 $n$ 從 $-2$ 開始計算！

（我們寧可採用數學國的講法，說它的**第負二項**為 $\frac{1}{2^{-2}} = 4$。）

這個數列是**等比數列**（公比 $= \frac{1}{2}$），於是，從開始的項加下來，就依次得到部分和，

$S_{-2} = 4,\ S_{-1} = 4 + 2 (= 6),\ S_0 = 4 + 2 + 1 (= 7),\ S_1 = 4 + 2 + 1 + 0.5 (= 7.5),$
$S_2 = 4 + 2 + 1 + 0.5 + 0.25 (= 7.75),\ S_3 = 7.875,\ \cdots$

這個**部分和數列**會收斂到 8。

【警告】所以，當我們提到一個無窮級數時，必定牽涉到**兩個**無窮數列！

一個是一項一項的數列（如上的 $f_n$）

一個是**從開頭一直加過來的部分和數列**（如上的 $S_n$）

當後者的極限是 $t$ 時，我們就說**這個級數的「和」是 $t$**，這個**級數收斂到 $t$**。

我們說「這個級數收斂」，所指的數列是後者！

我們說「這是個等比級數」，所指的數列是前者！

【請問】「如下是一個正項級數」，你認為對不對？

$$1 - \frac{1}{2} + \frac{1}{4} - \frac{1}{8} + \cdots$$

不對！正項級數的「項 (term)」，並不涉及到部分和數列。這裡各項是正負交錯！不是正項級數。

但是，部分和數列，則是：

$$1,\ \frac{1}{2},\ \frac{3}{4},\ \frac{5}{8},\ \frac{11}{16},\ \cdots$$

當然是每一項都是正的！

**定理**　如果下面的級數收斂

$$\sum_{n=1}^{\infty} f_n := f_1 + f_2 + f_3 + \cdots = t \quad [1]$$

則數列 $f$ 收斂，其極限為零：

$$\lim_{n\to\infty} f_n = 0 \quad [2]$$

【警告】上述定理的逆命題不成立！請看下例。

【調和級數發散】

$$1 + \frac{1}{2} + \frac{1}{3} + \frac{1}{4} + \cdots = \infty \quad [3]$$

倒數成等差的數列叫做調和數列。這樣的數列當然收斂，其極限為零。例如：

$$\lim_{n\to\infty} \frac{1}{n} = 0 \quad [4]$$

但是，部分和呢？不會收斂！這是因為：如果從第 $(2^m+1)$ 項開始，一直加到第 $2^{m+1}$ 項為止，一共有 $2^m$ 項，最小的項是 $\frac{1}{2^{m+1}}$，所以這個和，就會大於 $2^m \times \frac{1}{2^{m+1}} = \frac{1}{2}$。那麼，從第一項開始加總，第 $2^{m+1}$ 個部分和將是

$S_{2^{m+1}} > 1 + \frac{1}{2} + \frac{1}{2} + \cdots + \frac{1}{2}$,（共有 $m$ 個 $\frac{1}{2}$），故：$S_{2^{m+1}} > 1 + m$。

$$1 + \frac{1}{2} + \underline{\frac{1}{3} + \frac{1}{4}} + \underline{\frac{1}{5} + \cdots + \frac{1}{8}} + \underline{\frac{1}{9} + \cdots + \frac{1}{16}} + \underline{\frac{1}{17} + \cdots + \frac{1}{32}} + \cdots$$

$$\text{故} > 1 + \frac{1}{2} + \left(> \frac{1}{2}\right) + \left(> \frac{1}{2}\right) + \left(> \frac{1}{2}\right) + \left(> \frac{1}{2}\right) + \cdots$$

當然部分和不會收斂！

以下兩個定理[註 2]可以訴諸於你的直覺，這是**實數系完備性**的一種表現！

---

註 2　這樣的定理是理論性的，只是要讓你安心：「這樣的數列（或級數）一定會收斂到某個極限值。」

**單調數列的收斂性定理**

如果一個單調遞增的數列 $s$ 有上界：

$$s_n \leq s_{n+1} \leq \cdots \leq B, \quad (\text{對於一切的 } n) \tag{5}$$

則這個數列一定收斂到某個極限

$$\lim_{n\to\infty} s_n \leq B \tag{6}$$

如果「無界」，當然就不收斂了！

**交錯級數的收斂性定理**

如果有一個單調地遞降到零的正數列 $c$：

$$c_1 \geq c_2 \geq c_3 \geq \cdots \geq c_n \geq c_{n+1} \geq \cdots, \ \lim_{n\to\infty} c_n = 0 \tag{7}$$

那麼如下的交錯級數必然收斂：

$$\sum_{j=1}^{\infty}(-1)^{j-1} \times c_j = c_1 - c_2 + c_3 - \cdots + (-1)^{n-1} \times c_n + \cdots \tag{8}$$

【解釋】假設有一位「模控學」的研究生，造出一隻「電子跳蚤」，正在測試種種性能。現在她設計出這樣的布置。首先把它放置在坐標軸的原點處。讓它取「正向」。於是這隻電子跳蚤就會一次再一次的跳躍，跳躍而「著陸」的時候，它馬上被這個軸上的機關倒轉方向。（也就是變號！）暫且不用管她是如何布置一次次跳躍時間的間隔，但是我們確知這隻電子跳蚤若沒有再度充電，它跳躍的步幅是越來越小。當然也可以假定：步幅的極限是零。

第 $n$ 步的步幅，記做 $c_n$。如上所述的假定就是 [7] 式。所以跳了 $n$ 次之後的位置，就是

$$S_n := \sum_{j=1}^{n}(-1)^{j-1} \times c_j$$

當然這電子跳蚤的極限位置就是無限級數的和，即 [8] 式。

事實上，因為：

$S_0 := 0 < c_1 = S_1,\ S_2 = c_1 - c_2 < c_1$。但是 $S_2 \geq S_0$，因為 $c_2 < c_1$

一般地，有

$$0 \leq S_2 \leq S_4 \leq S_6 \cdots \leq S_{2n} \leq S_{2n+2} \cdots \leq S_{2n+1} \leq S_{2n-1} \cdots \leq S_3 \leq S_1$$

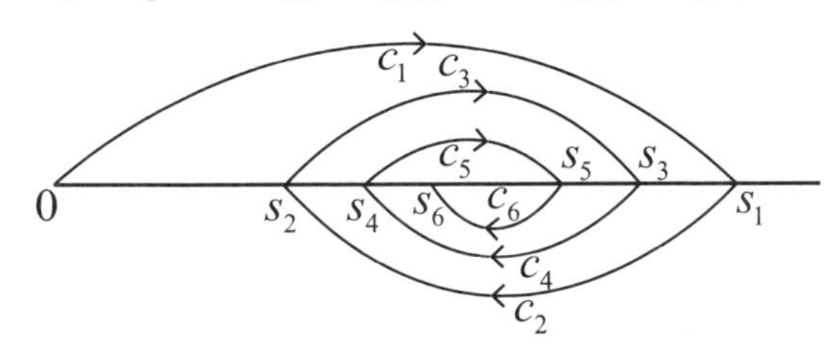


如圖所示，一進一退，一進一退，一進一退，…；從 0 進到 $S_1 = c_1$，退到 $S_2 = S_1 - c_2$，進到 $S_3 = S_2 + c_3$，退到 $S_4 = S_3 - c_4$，…，但是步幅越來越小而且趨近零，顯然會收斂！

**◈例題 1** 計算

$$e_n := 1 + \frac{1}{1!} + \frac{1}{2!} + \cdots + \frac{1}{n!},\ n = 1,\ 2,\ 3,\ 4,\ \cdots$$

一直到第五位小數不會再變動為止！

**解** $6! = 720,\ 7! = 5040,\ 8! = 40320$，因此：

$\frac{1}{8!} = 2.48015 \times 10^{-5},\ \frac{1}{9!} = 2.75573 \times 10^{-6}$

事實上，

$e_2 = 2.5,\ e_3 = 2.666666 \cdots,\ e_4 = 2.708333 \cdots,$

$e_5 = 2.716666 \cdots,\ e_6 = 2.7180555 \cdots,\ e_7 = 2.7182539 \cdots,$

$e_8 = 2.7182787 \cdots,\ e_9 = 2.7182815 \cdots$

到了 $n = 9$，第五位小數不會再變動！其實連第六位小數也不會再變動！

◆ **例題 2** 計算

$$\ell_n := \frac{1}{1} - \frac{1}{2} + \frac{1}{3} - \frac{1}{4} + \cdots + \frac{(-1)^{n-1}}{n},\ n = 1, 2, 3, 4, \cdots$$

一直到第五位小數不會再變動為止！

**解** 換句話說：要讓步幅 $\frac{1}{n} < 10^{-6}$，當然在 $n = 10^6$ 時就安全了。

## §1–4 連續性

【函數的連續性】數學上說：「函數 $f$ 在點 $c$ 處連續」，意思是：點 $c \in Dom(f)$，而且

$$\lim_{x \to c} f(x) = f(c) \qquad [1]$$

依照這個定義，函數在一點的連續性是需要兩個條件，而天$_1$、地$_1$、人$_1$這三式 (p.52～p.53)，就分別說明了：函數 $f(x) := \sqrt{1-x^2} + 2x$ 在端點 1, −1 及中點 0 處，都連續。

其實這個函數 $f$ 在它的定義域 $Dom(f) = [-1..1]$ 上，到處連續！我們根本就可以寫成 $f \in C$，或者連定義域也一併標示出來，那就寫成 $f \in C[-1..1]$。

【再談函數的連續延拓】 我們在 §0 – 5.2 中已經提到，在學習微積分學時，經常遇到這樣的狀況：一個函數在它的定義域上是連續的，但是這個定義域有**間斷點**。在那裡的問 4 (p.36～p.37) 已經指出：函數 $g_4$ 的定義域具有一個間斷點 1，但是我們應該把這個函數延拓到整個實數系而包含這一點，這個延拓後的函數，就是 $g_3$。而唯一合理自然的定義是：$g_3(1) = 1$。因為這樣才有連續性：

$$\lim_{x \to 1} g_3(x) = 1 = g_3(1)$$

【例 1】　函數 $\psi(x):=\frac{\sin(x)}{x}$，定義域不含 0，因為它會使分母變成 0，所以 0 是定義域的間斷點。但是，由基本三角極限公式就知道：這個函數應該延拓成在 $x=0$ 處取函數值 1。這個自然的延拓，我們仍然記之為 sinc。

$$\operatorname{sinc}(x)=\begin{cases}\frac{\sin(x)}{x}\text{，當 } x\neq 0\\ 1\text{，當 } x=0\end{cases} \quad [2]$$

為什麼自然？因為有連續性！這就是說：本來的函數 $\psi(x)$ 在 $x=0$ 時，是沒有定義的。不過，若 $x\neq 0$，而讓 $x$ 趨近於零，那麼，$\psi(x)$ 會趨近於 1。因此我們只有規定延拓後的函數 sinc 在 $x=0$ 處取函數值 1，才可能有：「當 $x$ 趨近於 0 時，$\psi(x)$ 會趨近於 $\psi(0)$。」

【例 2：規範化函數】　「正負號函數」sgn（讀做 signum）本來是指：

$$\operatorname{sgn}(x):=\frac{x}{|x|}=\begin{cases}1\text{，若 } x>0\\ -1\text{，若 } x<0\end{cases} \quad [3]$$

這個函數的定義域不含 0，因為它會使分母變成 0，所以 0 是定義域的間斷點。因為在這一點，左與右的單側極限不相等：

$$\lim_{x\uparrow 0}\operatorname{sgn}(x)=-1,\ \lim_{x\downarrow 0}\operatorname{sgn}(x)=1 \quad [4]$$

所以，不論我們怎麼樣來延拓定義 sgn(0)，都不可能讓這個函數 sgn 變成連續函數。不過最好是採取折衷式的延拓，也就是規定

$$\operatorname{sgn}(0):=0=\frac{1}{2}(\lim_{x\uparrow 0}\operatorname{sgn}(x)+\lim_{x\downarrow 0}\operatorname{sgn}(x)) \quad [5]$$

關於連續性的判定，我們只要利用極限的性質就可以推得許多有用的結論：

**定理** 設 $f \in C(I), g \in C(I)$ 均為區間 $I$ 上的連續函數，則 $f \divideontimes g$ 亦然，這裡用※表示加減乘除四則運算之一，不過若是除法，就多加一個要求：對於 $x \in I, g(x) \neq 0$。

在微分積分學中，大部分的函數都是連續函數，至少我們容易證明：多項式函數是連續函數；開方是連續函數（在它的定義範圍 $\mathbb{R}_+ = [0..\infty)$ 內）；sin，cos 是連續函數；稍微麻煩些的是：指數函數，及對數函數（在 $(0..\infty)$ 上）都是連續函數。

◆**例題 1** 試討論下列函數之連續性：

(1) $x^2 - x$。 (2) $\dfrac{1+x}{1-x}$。 (3) $\sqrt{1-x^2}$。

**解** (1)多項式函數是到處連續的函數。

(2)此有理函數於 $x \neq 1$ 之點為連續。

(3) $1-x^2$ 到處連續，而 $\sqrt{\ }$ 定義於右半實軸上為連續函數。於是，$\sqrt{1-x^2}$ 只對 $1-x^2 \geq 0$ 之點 $x$ 有定義，亦即：定義域為閉區間 $[-1..1]$，而在此區間上為連續函數。

**中間值定理** 若 $f \in C[a..b]$，則介乎這兩個函數值 $f(a), f(b)$ 之間的任何一個中間值 $m$（即 $(f(a)-m)\times(f(b)-m)<0$），都一定會被這個函數 $f$ **在這兩點間取到**，也就是說，一定有個 $\xi$ 使得：

$$(a-\xi)\times(b-\xi)<0，而\ f(\xi)=m \qquad [6]$$

**勘根定理** 若 $f \in C[a..b]$，且 $f(a)\times f(b)<0$，則至少存在一點 $\xi \in (a..b)$，使得 $f(\xi)=0$。

**習　題**——— 你 $t_1 = 10$ 歲時，重 25 公斤；現在 $t_2 = 18$ 歲時，重 60 公斤，則你曾經在某時刻 $\tau$ $(10 < \tau < 18)$ 重 47 公斤，對不對？

◆ **例題 2**　一伸長的橡皮筋，當其兩端往內有某種程度的收縮時，至少必有一點之位置未曾改變（不動點），試證之。

**證　明**　設原先伸長的橡皮筋兩端坐標為 $a$ 及 $b$，並設原先坐標為 $x$ 的點，現在的坐標變成 $f(x)$。那麼 $f \in C[a..b]$。並且，由題設知 $a < f(a),\ \ f(b) < b$，現在令：$\varphi(x) := f(x) - x$，於是：$\varphi(a) > 0 > \varphi(b)$。因此由勘根定理知：至少存在一點 $\xi \in (a..b)$，使 $\varphi(\xi) = 0$，即 $f(\xi) = \xi$，即 $\xi$ 為**不動點**。

**習　題**——— 設 $f(x)$ 為 $x$ 之奇次多項式，試證方程式 $f(x) = 0$ 至少有一實根。

# 第 2 章　函數之導微（上）

## §2-1　導數的意義

我們都很明白，科學研究的主要目的是把一個現象對各種量之間的函數關係找出來，並且研究函數各變量之間的變化情形。前一個問題層次較高，暫且不談，而後一個問題就是本節所要講述的內容。我們要來討論變量的變化率，所用的工具就是微分法。

微分學主要是 Newton（牛頓）發明的，其目的是要討論物理上的速度問題。本節我們就由速度談起，由此引進導數的概念，並且給導數概念作各種幾何的與物理的解釋，最後再介紹求導數的技巧。至於利用導數來探求函數更細微的變化問題，則留待以後講述。

Galileo（伽利略）研究自由落體的運動，大致可以這樣描寫：從物體放手的時刻算起，在 $t$ 時刻落下的距離（函數）為

$$S=\frac{1}{2}gt^2$$

這裡常數 $g$ 約為 980 釐米 / 秒$^2$，叫做重力加速度。由經驗我們知道物體是越落越快，這快慢的程度如何描述呢？假設要研究時刻 $t=3$ 秒的快慢問題 。 先考慮從時刻 $t=3$ 秒到 $t=3+h$ 秒之間落下的一段距離，它是

$$\frac{1}{2}g(3+h)^2-\frac{1}{2}g\times 3^2=3gh+\frac{g}{2}h^2$$

所以在這一段時間的平均（下降）速度是 $3g+\frac{g}{2}h$（平均速度 = 距離 ÷ 時間）。 顯然這一平均速度跟選取的時間 $h$ 之久暫有關。我們可以考慮「瞬時速度」，即無窮小時間內的平均速度：

令 $h \to 0$ ，則 $3g+\frac{g}{2}h$ 的極限為 $3g$ 。因此就稱 $3g$ 為物體在 $t=3$ 秒的瞬時或瞬間速度。

**習　題** ——— 在上述問題中，求時刻 $t=5$ 秒的瞬時速度。

一般地說：若 $t$ 代表時刻，$y$ 代表質點（在 $y$ 軸上）的位置（或距離），$y=f(t)$ 代表位置（或距離）函數。那麼從時刻 $t$ 到時刻 $t+h$，質點走了一段距離 $f(t+h)-f(t)$，平均速度為

$$\frac{f(t+h)-f(t)}{h}$$

（可正、可負，依軸向而定！）我們讓 $h$ 趨近 0，而這平均速度之極限就可以叫做質點於時刻 $t$ 之「瞬時」速度 $f'(t)$：

$$f'(t)=\lim_{h\to 0}\left(\frac{f(t+h)-f(t)}{h}\right) \qquad [1]$$

我們這裡做兩個註解。

第一：在高中以上的物理科學中，「速度」這一詞的意思就是**瞬時 (instant) 速度**。形容詞的「瞬時」完全是**不必要的！**反過來說，當要說某段時程內，某質點的**平均速度**，這時候的**形容詞**「平均」才是必須加上去的。不懂得速度（= 瞬時速度）的概念，就無法理解科學的最根本出發點——力學了！

第二：上面這個公式 [1] 是**無比的重要！**理由**不只是**如上述，在物理科學中，從一開始「速度」的概念，就須要用到 [1] 式，也許更重要的理由是：[1] 式是**微分法**的出發點，也就是數學上的**定義**。因此我們可以**放棄**上述瞬時速度的解釋，把這個式子移用到各種狀況的函數 $f$。

【導數及導函數的解析定義】一般說來，給一個函數 $y=f(x)$，我們就可以考慮變數 $x$ 自 $c$ 變到 $c+h$ 時，變數 $y$ 的變動量。這當然是

$$\Delta y = f(c+h) - f(c)$$

所以，在兩點 $c$ 與 $(c+h)$ 的區間內，變數 $y$ 對變數 $x$ 的「平均變率」是

$$\frac{\Delta y}{\Delta x} = \frac{f(c+h)-f(c)}{h} \qquad (\text{此地 } h \equiv \Delta x)$$

我們再令 $h \to 0$，如果這「平均變率」有個極限，則這極限就叫做函數 $f$ 在 $x=c$ 點處的**微分係數**或**微分商**或**導數**（等等），並以 $f'(c)$ 或 $Df(c)$ 或 $Df(x)\big|_{x=c}$ 或 $\left.\dfrac{df(x)}{dx}\right|_{x=c}$ 等等表示。同時我們就說函數 $f$ 在點 $x=c$ 處**可（導）微**，這個意思就是**極限存在**。如果函數 $f$ 在某範圍中可導微，我們就說 $f$ 在此範圍中**可導**。這時函數 $x \mapsto f'(x)$ 叫做 $f$ 的**導函數** (derivative)，記做 $f'$ 或 $Df$。導函數 $f'$ 在 $c$ 處的值就是 $f$ 在 $c$ 處的導數。

【關於記號的註解】我們在前面談論函數的概念時，已經提到有兩種方式的記號。一種是「函數導向的」，一種是「變數導向的」。前者是必須給函數一個**名字**，如同 $y=f(x)$ 中的 $f$；後者則是寫出依賴變數如何由自變數表達，如同 $S=\frac{1}{2}gt^2$ 中的自變數 $t$ 與依賴變數 $S$ 的關係式，這是省略了函數記號的寫法。

這兩種方式就導致微分商，導函數，等等的記號（及稱呼）有種種的歧變。

採取 [1] 式的寫法，當然是必須**先定義**函數 $f$。例如，令 $f(t):=4.9\times t^2$，於是得到 $f'(t)=9.8\times t$，以及 $f'(3)=29.4$, $f'(5)=49$。這種記號在（大一）微積分學中大概是最通用最方

便的了。這一撇，大都讀成 prime，意思是（**第一次的**）導微或者微導。(作者我自己就混著用！Sorry。)

因為撇號是太方便的記號，以至於在某些情形下，書寫者把撇號「移作他用」！那就不可以用撇號了，於是改用別的標記，例如說，寫成 $\dot{f}$。(這也是相當常見的標記法！)

那麼，函數 $f'$（或者 $\dot{f}$），應該叫做 $f$ 的**導來函數**。(或者簡為三個字的**導函數**，或者簡為兩個字的**導來**吧！）英文是 the derived function（或 the derivative）of $f$。

現在轉到變數導向的記號來。我們回到 [1] 式，但是放棄了原本「自變數 $t$ 代表時刻，依賴變數 $y$ 代表質點位置（的坐標)」那樣的解釋。那麼現在就用 $x, y$ 代表某兩個物理量，而且認定 $x$ 為自變數，$y$ 為依賴變數。Leibniz（萊布尼茲）把 [1] 式中的 $h$，改寫為 $\Delta x = h$。

這是因為 $\Delta$ 是希臘（大寫）字母，讀做 delta，相當於拉丁字母的 $d$，因此用 $\Delta$ 來代表「相差」(difference)，$\Delta x$ 的意思是「(自）變量 $x$ 的差分」。

那麼 [1] 式中的 $f(x+\Delta x)$ 就是：當自變量由 $x$ 變化了一點點，變成 $x+\Delta x$ 時，依賴變量 $y$ 會變成的**函數值**，即

$$y + \Delta y = f(x + \Delta x)$$

原本自變量 $x$ 未改變時的函數值是 $y = f(x)$，因而

$f(x+\Delta x) - f(x)$ 就是由於自變量 $x$ 的改變所致的「依賴變量的改變」，Leibniz 就寫成

$$\Delta y = f(x + \Delta x) - f(x)$$

這是依賴變量 $y$ 相應於自變量 $x$ 變化了 $\Delta x$ 時的**變化量**。所以 $\Delta x$ 是「$x$ 的變動」，而 $\Delta y$ 是「$y$ 的變動」，不是「$\Delta$ 乘以 $y$」，因此 $\Delta$ 及 $y$ 要唸在一起，$\Delta x$ 中的 $\Delta$ 與 $x$ 也要唸在一起！然則 [1] 式改為

$$(f'(x)=)\lim_{\Delta x\to 0}\frac{\Delta y}{\Delta x} \tag{2}$$

所以說求導數的口訣就是：「(讓 $x$ 變化一點) $\Delta x$，(求 $y$ 的變化量) $\Delta y$，作差分商（又叫牛頓商）$\frac{\Delta y}{\Delta x}$（即 $\frac{f(x+\Delta x)-f(x)}{\Delta x}$），再取極限（令 $\Delta x\to 0$)」。

Leibniz 苦心思考的結果，就發明了這樣的記號，當 $\lim\limits_{\Delta x\to 0}\frac{\Delta y}{\Delta x}$ 存在時，記此極限值為 $\frac{dy}{dx}$，即

$$\frac{dy}{dx}=\lim_{\Delta x\to 0}\frac{\Delta y}{\Delta x} \tag{3}$$

從表面上看起來，這好像是 $\Delta y$ 的極限為 $dy$，而 $\Delta x$ 的極限為 $dx$，因此 $\frac{\Delta y}{\Delta x}$ 的極限為 $\frac{dy}{dx}$。其實這是不通的，因為 [3] 式的右側已經寫了 $\lim\limits_{\Delta x\to 0}$，故 $\Delta x$ 的極限為零。

◆**例題 1** 若 $z=\frac{1}{y}$，求 $\frac{dz}{dy}$。

**解** 照這式子的意思，當變量 $y$ 變化一點點成為 $y+\Delta y$ 時，變量 $z$ 也將變化一點點成為

$$z+\Delta z=\frac{1}{y+\Delta y}$$

因此，$\Delta z=\frac{1}{y+\Delta y}-\frac{1}{y}$

$$=\frac{-\Delta y}{y(y+\Delta y)}$$

於是差分商 $\frac{\Delta z}{\Delta y}=\frac{-1}{y(y+\Delta y)}$

那麼讓 $\Delta y$ 趨近零，則得其極限值

$$\frac{dz}{dy}=\lim_{\Delta y\to 0}\frac{\Delta z}{\Delta y}=\frac{-1}{y^2} \qquad [4]$$

注意：因為 $z=\frac{1}{y}$，這式子就限制 $y\neq 0$。當然也就保證 $y^2\neq 0$ 及 $z\neq 0$。

事實上，由 $z=\frac{1}{y}$ 就得到 $y=\frac{1}{z}$。那麼，我們可以算出

$$\frac{dy}{dz}=\lim_{\Delta z\to 0}\frac{\Delta y}{\Delta z}=\frac{-1}{z^2} \qquad [5]$$

我們檢討一下，重新寫 [4]、[5] 兩個式子，把**前提**也寫出來：

$$若\ z=\frac{1}{y}，則\ \frac{dz}{dy}=\frac{-1}{y^2} \qquad [4']$$

$$若\ y=\frac{1}{z}，則\ \frac{dy}{dz}=\frac{-1}{z^2} \qquad [5']$$

如果是**函數導向**的思考，著重的是**倒逆函數**，暫時記為 $f$，即

$$f(x)=\frac{1}{x}，換言之，f(y)=\frac{1}{y}，f(z)=\frac{1}{z}，f(u)=\frac{1}{u}$$

那麼「[4′]、[5′] 是完全相同的公式」，即：

$$若\ f(x)=\frac{1}{x}，則\ f'(x)=\frac{-1}{x^2} \qquad [6]$$

如果是**變量導向**的思考，則 $y, z$ 是兩個不同的物理量，[4′]、[5′] 兩式分別給出 $\frac{dz}{dy}$ 及 $\frac{dy}{dz}$，這兩個也是物理量，(而且這四個量也都不相同！）故 [4′]、[5′] 是不同的兩個式子。

**例題 2**　若 $y=-\sqrt{9-x^2}$，求 $\frac{dy}{dx}$。

**解** 請注意，由所給的定義式，必須限定變數 $x$ 在區間 [−3..3] 上。

今 $y+\Delta y=-\sqrt{9-(x+\Delta x)^2}$

因此 $\Delta y=(y+\Delta y)-y$

$$=-\sqrt{9-(x+\Delta x)^2}+\sqrt{9-x^2}$$

$$=\frac{(-\sqrt{9-(x+\Delta x)^2}+\sqrt{9-x^2})(\sqrt{9-(x+\Delta x)^2}+\sqrt{9-x^2})}{\sqrt{9-(x+\Delta x)^2}+\sqrt{9-x^2}}$$

$$=\frac{(9-x^2)-(9-(x+\Delta x)^2)}{\sqrt{9-(x+\Delta x)^2}+\sqrt{9-x^2}}=\frac{\Delta x(2x+\Delta x)}{\sqrt{9-(x+\Delta x)^2}+\sqrt{9-x^2}}$$

於是

$$\frac{\Delta y}{\Delta x}=\frac{2x+\Delta x}{\sqrt{9-(x+\Delta x)^2}+\sqrt{9-x^2}}$$

因此，取極限 $\lim_{\Delta x\to 0}$，就得到

$$\frac{dy}{dx}=\lim_{\Delta x\to 0}\frac{\Delta y}{\Delta x}=\frac{x}{\sqrt{9-x^2}}$$

◆**例題 3** 若 $z=\frac{-1}{\sqrt{9-x^2}}$，求 $\frac{dz}{dx}$。

**解** 請注意，由所給的定義式，必須限定變數 $x$ 在區間 (−3..3) 上。

今 $z+\Delta z=\frac{-1}{\sqrt{9-(x+\Delta x)^2}}$

故 $\Delta z=(z+\Delta z)-z$

$$=\frac{-1}{\sqrt{9-(x+\Delta x)^2}}+\frac{1}{\sqrt{9-x^2}}$$

$$=\frac{\sqrt{9-(x+\Delta x)^2}-\sqrt{9-x^2}}{\sqrt{9-(x+\Delta x)^2}\cdot\sqrt{9-x^2}}$$

$$= \frac{(9-(x+\Delta x)^2)-(9-x^2)}{\sqrt{9-(x+\Delta x)^2}\cdot\sqrt{9-x^2}\cdot(\sqrt{9-(x+\Delta x)^2}+\sqrt{9-x^2})}$$

$$= \frac{-(2x\Delta x+(\Delta x)^2)}{\sqrt{9-(x+\Delta x)^2}\cdot\sqrt{9-x^2}\cdot(\sqrt{9-(x+\Delta x)^2}+\sqrt{9-x^2})}$$

$$\frac{\Delta z}{\Delta x} = \frac{-(2x+\Delta x)}{\sqrt{9-(x+\Delta x)^2}\cdot\sqrt{9-x^2}\cdot(\sqrt{9-(x+\Delta x)^2}+\sqrt{9-x^2})}$$

因而 $\dfrac{dz}{dx} = \lim\limits_{\Delta x\to 0}\dfrac{\Delta z}{\Delta x} = \dfrac{-x}{(\sqrt{9-x^2})^3}$

大哲學家 Leibniz 發明了「微分」。這個**名詞**的英文是 differential。(但是這個英文字 differential 卻是一字多義，Leibniz 所說的「微分」只是其中之一。)

Leibniz 所說的「微分」，記號是**小寫的**拉丁字母 $d$，意思是**無限小的差分** (infinitesimal difference)。那麼 $dx$ 雖然常常讀成 dee eks，其實讀成 differential eks 也許是好主意。

## §2–2　簡單代數函數之導微

今後把導微的定義寫成

$$Df(x) = \lim_{\Delta x\to 0}\frac{f(x+\Delta x)-f(x)}{\Delta x}$$

我們來驗證疊合原理：

$$\begin{cases} D(f+g) = Df + Dg & \text{(加性)} \\ D(\alpha f) = \alpha Df & \text{(齊性)} \end{cases}$$

**證 明** ——

$$
\begin{aligned}
D(f+g) &= \lim_{\Delta x\to 0}\frac{(f+g)(x+\Delta x)-(f+g)(x)}{\Delta x}\\
&= \lim_{\Delta x\to 0}\frac{[f(x+\Delta x)-f(x)]+[g(x+\Delta x)-g(x)]}{\Delta x}\\
&= \lim_{\Delta x\to 0}\frac{f(x+\Delta x)-f(x)}{\Delta x}+\lim_{\Delta x\to 0}\frac{g(x+\Delta x)-g(x)}{\Delta x}\\
&= Df+Dg\\
D(\alpha f) &= \lim_{\Delta x\to 0}\frac{(\alpha f)(x+\Delta x)-(\alpha f)(x)}{\Delta x}\\
&= \lim_{\Delta x\to 0}\frac{\alpha[f(x+\Delta x)-f(x)]}{\Delta x}\\
&= \alpha\lim_{\Delta x\to 0}\frac{f(x+\Delta x)-f(x)}{\Delta x}\\
&= \alpha Df
\end{aligned}
$$

**習 題** —— 證明 $D(f-g)=Df-Dg$。

有了上述的公式，配上疊合原理，則任何多項式的導微就完全解決了：

【例 1】 $D(x^3+3x^2-x+2)$

$=Dx^3+D(3x^2)-Dx+D2$

$=3x^2+6x-1$

【例 2】 $D(a_nx^n+a_{n-1}x^{n-1}+\cdots+a_1x+a_0)$

$=D(a_nx^n)+D(a_{n-1}x^{n-1})+\cdots+D(a_1x)+D(a_0)$

$=a_nDx^n+a_{n-1}Dx^{n-1}+\cdots+a_1Dx+0$

$=na_nx^{n-1}+(n-1)a_{n-1}x^{n-2}+\cdots+a_1$

我們要對更多複雜的函數求導微，還需要介紹下面兩個導微公式：

**兩函數乘積之導微公式**

若 $f$ 及 $g$ 可導，則 $f\cdot g$ 亦可導，且有

$$D(f\cdot g)=g\cdot Df+f\cdot Dg$$

（兩函數乘積的導微公式，又叫 Leibniz 導微公式）

**證　明**

$$\begin{aligned}
&D(f\cdot g)\\
&=\lim_{\Delta x\to 0}\frac{(f\cdot g)(x+\Delta x)-(f\cdot g)(x)}{\Delta x}\\
&=\lim_{\Delta x\to 0}\frac{f(x+\Delta x)g(x+\Delta x)-f(x)g(x)}{\Delta x}\\
&=\lim_{\Delta x\to 0}\frac{f(x+\Delta x)g(x+\Delta x)-f(x)g(x+\Delta x)+f(x)g(x+\Delta x)-f(x)g(x)}{\Delta x}\\
&=\lim_{\Delta x\to 0}[g(x+\Delta x)(\frac{f(x+\Delta x)-f(x)}{\Delta x})+f(x)(\frac{g(x+\Delta x)-g(x)}{\Delta x})]\\
&=g\cdot Df+f\cdot Dg
\end{aligned}$$

**習　題**

導微：1. $y=(x-1)(x-2)(x-3)$

2. $y=(x^2+x+1)(x^2-2)$

【注意】Leibniz 的乘法導微規則為 $D(f\cdot g)=f\cdot Dg+g\cdot Df$。推廣開來，我們有

$$\begin{aligned}
&D(f_1\cdot f_2\cdots f_n)\\
&=(Df_1)f_2\cdots f_n+f_1(Df_2)f_3\cdots f_n+\cdots+f_1\cdots f_{n-1}(Df_n)
\end{aligned}$$

**證　明**

（遞迴法！）$n=2$ 時，證過了。

今假設 $n=k$ 時，原式成立，即

$$D(f_1 \cdots f_k) = (Df_1)f_2 \cdots f_k + f_1(Df_2) \cdots f_k + \cdots + f_1 \cdots f_{n-1}(Df_k)$$

$$\therefore D(f_1 \cdots f_k f_{k+1}) = D[(f_1 \cdots f_k)f_{k+1}]$$
$$= [D(f_1 \cdots f_k)]f_{k+1} + (f_1 \cdots f_k)Df_{k+1}$$
$$= [(Df_1)f_2 \cdots f_k + f_1(Df_2)f_3 \cdots f_k + \cdots + f_1 \cdots f_{k-1}(Df_k)]f_{k+1} + (f_1 \cdots f_k)Df_{k+1}$$
$$= (Df_1)f_2 \cdots f_k f_{k+1} + f_1(Df_2)f_3 \cdots f_k f_{k+1} + \cdots + f_1 \cdots f_{k-1}(Df_k)f_{k+1} + f_1 \cdots f_k(Df_{k+1})$$

此式就是原式當 $n = k + 1$ 的情形，故由遞迴法證畢。

【備註】這個式子可以寫成 $(D(f_1 \cdots f_n))/(f_1 \cdots f_n) = \Sigma(Df_i)/f_i$。此即所謂「對數微分法」。

**兩函數商之導微公式**

若 $f$ 及 $g$ 在 $x_0$ 點可導，且 $g(x_0) \neq 0$，則 $f/g$ 也在 $x_0$ 點可導，且有

$$D(f/g)(x_0) = \frac{g(x_0)Df(x_0) - f(x_0)Dg(x_0)}{[g(x_0)]^2}$$

**證明**

$$D(f/g)(x_0)$$
$$= \lim_{\Delta x \to 0} \frac{f(x_0 + \Delta x)/g(x_0 + \Delta x) - f(x_0)/g(x_0)}{\Delta x}$$
$$= \lim_{\Delta x \to 0} [\frac{1}{g(x_0)g(x_0 + \Delta x)} \cdot \frac{f(x_0 + \Delta x)g(x_0) - f(x_0)g(x_0 + \Delta x)}{\Delta x}]$$
$$= \lim_{\Delta x \to 0} \frac{1}{g(x_0)g(x_0 + \Delta x)}[g(x_0) \cdot \frac{f(x_0 + \Delta x) - f(x_0)}{\Delta x} - f(x_0) \cdot \frac{g(x_0 + \Delta x) - g(x_0)}{\Delta x}]$$
$$= \frac{g(x_0)Df(x_0) - f(x_0)Dg(x_0)}{[g(x_0)]^2}$$

【基本公式】$Dx^{m}=m\cdot x^{m-1}$

我們已經知道它對一切**整數**的 $m$ 都成立。（$m=0$ 時，右側就規定恆等於零好了！）那麼，如果冪次 **$m$ 不是整數**，又如何？提醒一下：此時我們將限定自變數 $x>0$。（當然，若 $m>0$，我們允許 $x=0$。）

先以 $m=\frac{1}{2}$ 為例：

$$Dx^{\frac{1}{2}}=\lim_{\Delta x\to 0}\frac{\sqrt{x+\Delta x}-\sqrt{x}}{\Delta x}$$

$$=\lim_{\Delta x\to 0}\frac{(\sqrt{x+\Delta x}-\sqrt{x})(\sqrt{x+\Delta x}+\sqrt{x})}{\Delta x(\sqrt{x+\Delta x}+\sqrt{x})}$$

（利用 $a^2-b^2=(a+b)(a-b)$）

$$=\lim_{\Delta x\to 0}\frac{\Delta x}{\Delta x(\sqrt{x+\Delta x}+\sqrt{x})}$$

$$=\lim_{\Delta x\to 0}\frac{1}{\sqrt{x+\Delta x}+\sqrt{x}}$$

$$=\frac{1}{2\sqrt{x}}=\frac{1}{2}x^{-\frac{1}{2}}$$

故公式成立！

若 $m=\frac{1}{n}$（$n$ 為自然數 $>2$），請驗證公式成立！

**證明**

一般地

$$Dx^{\frac{1}{n}}=\lim_{\Delta x\to 0}\frac{\sqrt[n]{x+\Delta x}-\sqrt[n]{x}}{\Delta x}$$

$$=\lim_{\Delta x\to 0}\frac{(\sqrt[n]{x+\Delta x}-\sqrt[n]{x})(\sqrt[n]{(x+\Delta x)^{n-1}}+\sqrt[n]{(x+\Delta x)^{n-2}x}+\cdots+\sqrt[n]{x^{n-1}})}{\Delta x(\sqrt[n]{(x+\Delta x)^{n-1}}+\sqrt[n]{(x+\Delta x)^{n-2}x}+\cdots+\sqrt[n]{x^{n-1}})}$$

（利用 $a^n-b^n=(a-b)(a^{n-1}+a^{n-2}b+\cdots+b^{n-1})$）

$$= \lim_{\Delta x \to 0} \frac{\Delta x}{\Delta x(\sqrt[n]{(x+\Delta x)^{n-1}} + \cdots + \sqrt[n]{x^{n-1}})}$$

$$= \lim_{\Delta x \to 0} \frac{1}{(\sqrt[n]{(x+\Delta x)^{n-1}} + \cdots + \sqrt[n]{x^{n-1}})}$$

$$= \frac{1}{n\sqrt[n]{x^{n-1}}} = \frac{1}{n} x^{(\frac{1}{n}-1)}, \ (n \in \mathbb{N})$$

【注意】實際上，冪次 $m$ 為任意實數時，基本公式仍然成立！

**習　題**——— 求下列的導函數。

1. $y = \dfrac{3x-1}{x+3}$
2. $y = \dfrac{1-x}{1+x}$
3. $y = \sqrt[3]{x}(1-x)$
4. $y = \dfrac{\sqrt{x} - \sqrt[6]{x}}{\sqrt[8]{x} - \sqrt[4]{x+1}}$

## §2–3 連鎖規則

我們還須要一個規則，才能夠輕鬆地計算函數的導微。例如 $D((x^2+1)^{20})$ 及 $D\sin^3(1+x^2)$，如果每次都要根據定義來做，真是煩死人了。至於 $(x^2+1)^{20}$，展開成多項式來做，也很使人望而生畏！

函數 $(x^2+1)^{20}$ 指的是把 $x$ 變為 $(x^2+1)^{20}=y$ 的那個變化，這個變化可以分成兩步，先是把 $x$ 變為 $u=x^2+1$，其次再把 $u$ 變為 $u^{20}=y$，這是個「合成函數」。同理，要把 $x$ 變為 $\sin^3(1+x^2)=y$ 可以先把 $x$ 變為 $u=x^2+1$，再把 $u$ 變為 $v=\sin(u)$，再把 $v$ 變為 $y=v^3$。

【合成】若 $\psi: A \to B, \varphi: B \to C$，則記 $\varphi \circ \psi: A \to C$，為二者之合成 (composition)，把 $a \in A$ 映成 $\varphi(\psi(a))$。函數的「合成」，是我們**最不熟悉**的操作！

一般地，$f \circ g \neq g \circ f$，例如 $f(x) = x^2$, $g(x) = x - 3$，則 $f \circ g(x) = x^2 - 6x + 9$；$g \circ f(x) = x^2 - 3$。

注意，以下這兩個問題是比較煩，比較難的題目。你應該耐心地操作練習！

**習　題**

1. 任取六個函數 $x,\ 1+x,\ 1-x,\ \frac{1}{1-x}, \frac{x}{x-1}, \frac{x-1}{x}$ 中之二者為 $f(x), g(x)$，試證合成函數 $f(g(x))$ 必為此六者之一。
2. 當 $f(x) = \frac{\alpha x + \beta}{\gamma x + \delta}$ 時，試求 $f(f(x)) = x$ 之條件。

假設 $f$ 在點 $x = c$ 可導微，而且 $g$ 在點 $f(c)$ 亦可導微，現在我們要問 $h = g \circ f$ 是否在點 $x = c$ 可導微？下面的定理回答了這個問題：

**連鎖規則**
(chain rule)

複合函數的導微公式，又叫**連鎖規則** (chain rule)
假設 $f$ 在點 $c$ 可導微，$g$ 在點 $r = f(c)$ 亦可導微，則 $h \equiv g \circ f$ 在點 $c$ 可導微，且有

$$Dh(c) = g'(f(c)) \cdot f'(c)$$

**證　明**

記 $r = f(c)$，且 $\Delta y = f(c + \Delta x) - f(c)$

因此 $h(c + \Delta x) - h(c) = g(f(c + \Delta x)) - g(f(c))$

$$= g(r + \Delta y) - g(r)$$

$$= g'(r)\Delta y + p(\Delta y)\Delta y$$ 註 1

其中 $\lim_{\Delta y\to 0} p(\Delta y)=0$；於是

$$\frac{h(c+\Delta x)-h(c)}{\Delta x}=g'(r)\frac{\Delta y}{\Delta x}+p(\Delta y)\frac{\Delta y}{\Delta x}$$

令 $\Delta x\to 0$，則 $\Delta y\to 0$（$\because f$ 在 $c$ 點連續），$p(\Delta y)\to 0$，而且 $\frac{\Delta y}{\Delta x}\to f'(c)$。因此 $h'(c)=g'(r)\cdot f'(c)$

◆**例題 1**　試求 $D((x^2+1)^{20})$。

**解**　設 $f(x)=x^{20},\ g(x)=x^2+1$，則

$$(f\circ g)(x)=f(g(x))=f(x^2+1)=(x^2+1)^{20}$$

因 $f'(x)=20x^{19}$ 且 $g'(x)=2x$，故由連鎖公式得

$$\underbrace{D((x^2+1)^{20})}_{(f\circ g)'(x)}=\underbrace{20(x^2+1)^{19}}_{f'(g(x))}\cdot\underbrace{2x}_{g'(x)}$$

顯然這比直接展開 $(x^2+1)^{20}$ 再求導微快得多了！

【註解】微積分學中的一切操作，關鍵就在於連鎖規則的運用！依照 Leibniz 的想法，這個規則就寫成

$$\frac{dz}{dx}=\frac{dz}{dy}\cdot\frac{dy}{dx}$$

在上面這例子，他採取**變量導向**的寫法 $y=g(x)=x^2+1$; $z=f(y)=y^{20}$，於是

---

註 1　當 $y=f(x)$ 可導微時，這表示 $\lim_{\Delta x\to 0}\frac{\Delta y}{\Delta x}=f'(x)$。由極限的定義知，當 $\Delta x$ 夠小時，$\frac{\Delta y}{\Delta x}$ 與 $f'(x)$ 相差很小，於是令其差額為 $p(\Delta x)$，則 $\Delta y=f'(x)\Delta x+p(\Delta x)\Delta x$，並且 $p(\Delta x)$ 滿足 $\lim_{\Delta x\to 0}p(\Delta x)=0$。

$$\frac{dz}{dx}=\frac{dz}{dy}\cdot\frac{dy}{dx}=20y^{19}\cdot(2x)=40x(x^2+1)^{19}$$

【註解】雖然 Newton 發明微積分比 Leibniz 稍早，不過微積分的符號，現今通用的常常都是 Leibniz 發明的，尤其重要的是記號 $\frac{dy}{dx}$：你可以想像是 $dy$ 比上 $dx$。這使得連鎖導微規則 $\frac{dz}{dx}=\frac{dz}{dy}\cdot\frac{dy}{dx}$ 不但易記住，**在計算上也很方便**。我們再次強調，記號的掌握是數學的奧妙所在。

例如：我們說過，對於一切實數 $r$

$$D\ x^r=rx^{r-1}$$

現在證明 $r$ 為有理數（而非整數）的情形。

**證　明**

令 $r=\frac{m}{n}$，其中 $n$ 為自然數 $>1$，而 $m$ 為整數。令 $y=x^{\frac{1}{n}}$, $z=y^m$，那就可以利用連鎖規則，(及我們已經證明過的)

$$\frac{dy}{dx}=\frac{1}{n}x^{\frac{1}{n}-1},\ \frac{dz}{dy}=my^{m-1}$$

因此 $\frac{dz}{dx}=\frac{m}{n}x^{\frac{1}{n}-1}\cdot y^{m-1}=\frac{m}{n}x^{(\frac{m}{n}-1)}$

證明完畢！

因為連鎖規則太重要了，值得我們再多加思考，採取別種解釋。

我們這樣子來談論函數 $f$，它把 $x$ 變成 $y=f(x)$。

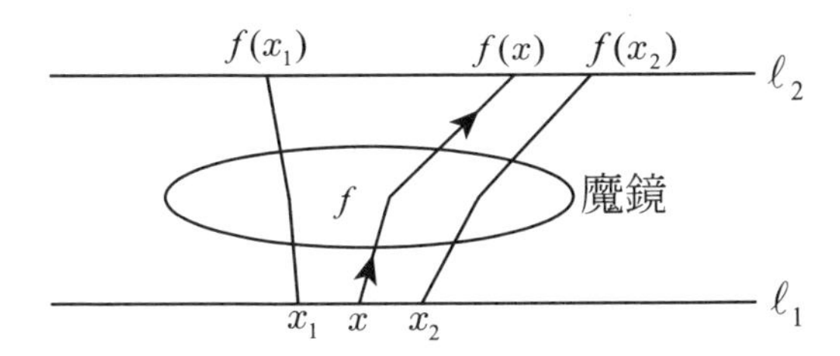

假想自變量 $x$ 的活動範圍，(即 $f$ 的定義域) 是上圖的直線 $\ell_1$，而依賴變量 $y$ 的活動範圍（即 $f$ 的值域）是上圖的直線 $\ell_2$。函數 $f$ 則是介於這兩「線」之間的一種「魔鏡」。它把 $\ell_1$ 上的點 $x$，「射到」$\ell_2$ 上的 $y=f(x)$。如果不煩惱太多的話，我們就想：這個魔鏡 $f$，把點 $x_1$ 射到 $y_1=f(x_1)$，把點 $x_2$ 射到 $y_2=f(x_2)$，而把介於 $x_1$ 與 $x_2$ 的點射到 $y_1$ 與 $y_2$ 之間。

我們應該可以說：這魔鏡（函數）$f$，把 $\ell_1$ 軸上的區間 $[x_1..x_2]$ 變成 $[y_1..y_2]$，$f$ 對這一段 $[x_1..x_2]$ 的平均放大倍率就是

$$\frac{y_2-y_1}{x_2-x_1}=\frac{\Delta y}{\Delta x}$$

那麼 $f'(x)=\dfrac{dy}{dx}=\lim\dfrac{f(x_2)-f(x_1)}{x_2-x_1}$ 的解釋是：魔鏡 $f$，對於點 $x$ 處（無限鄰近於點 $x$ 的）無限小區間之「放大倍率」。

現在，在 $\ell_2$ 軸（$y$ 的活動範圍）與 $\ell_3$ 軸（變量 $z$ 的活動範圍）之間，又放置了魔鏡（函數）$g$。那麼，這樣的布置，結果就體現了兩個函數 $f$ 與 $g$ 的合成：$h=g\circ f$。

如果我們用放大率的概念來解釋導數，則連鎖規則就變得很自然易記。把 $f$ 與 $g$ 都想成一種照射，如下圖：

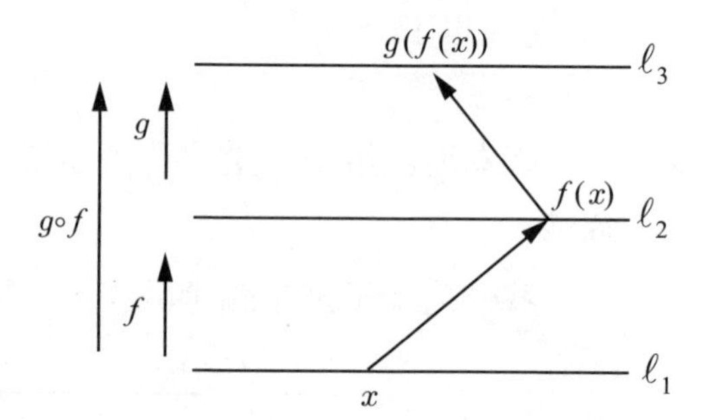


於是 $f'(x)$ 代表從 $\ell_1$ 照射至 $\ell_2$，在 $x$ 點的放大率；$g'(f(x))$ 代表從 $\ell_2$ 照射至 $\ell_3$，在 $f(x)$ 點的放大率。合起來看，從 $\ell_1$ 照射

至 $\ell_3$ 在 $x$ 點的放大率為 $D(g\circ f)(x)$，這等於兩個放大率 $g'(f(x))$ 與 $f'(x)$ 的乘積 $g'(f(x))\cdot f'(x)$。

**習　題**——— 試求下列各函數的導函數：

1. $y=\dfrac{1}{\sqrt{x-1}}$
2. $y=\sqrt{(x-3)^2}$
3. $y=\sqrt{x+\sqrt{x}}$
4. $y=(3x^2+x-1)^{1/3}$
5. $y=\sqrt{x^2-1}+\dfrac{1}{\sqrt{x^2+1}}$
6. $y=\dfrac{\sqrt[4]{1+x^4}}{x}$
7. $y=\sqrt{\dfrac{1-x^2}{1+x^2}}$
8. $y=\dfrac{x^2(1-x)^3}{(1+x)^2}$
9. $y=\sqrt{x^2-1}+\sqrt[3]{3x^2+1}$

## §2–4　導數的切線斜率解釋

我們所定義的導微概念也有幾何的直觀意義，今說明如下：將函數 $y=f(x)$ 圖解：

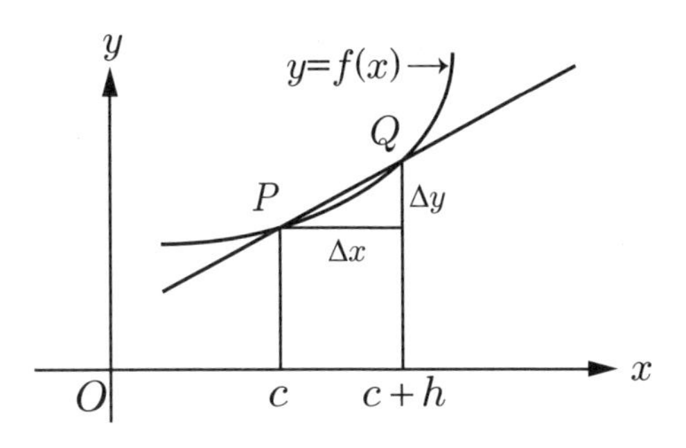

於是 $\frac{\Delta y}{\Delta x}$ 就表示割線 $PQ$ 的**斜率**。令 $\Delta x \to 0$ 就表示讓 $Q$ 點漸趨近於 $P$ 點，則割線漸趨近於過 $P$ 點的切線。因此若 $\lim_{\Delta x \to 0} \frac{\Delta y}{\Delta x}$ 存在的話，這極限值就是導數，它代表過 $P$ 點的切線之斜率。

◆ **例題 1**　求過曲線 $y = x^2$ 上的點 (2, 4) 的切線斜率及切線方程式。

**解**　$\frac{dy}{dx} = 2x$，當 $x = 2$ 時，$\frac{dy}{dx} = 4$，故所求切線之斜率為 4，而（依點斜式）切線為

$$y - 4 = 4(x - 2)$$

【註解】一次函數 $y = ax + b$ 的圖形為直線，斜率為 $a$；任何兩點所連割線就是此直線本身！因而圖形上每一點的切線跟圖形重合，故切線斜率為 $a$。特別地，對 $y = b, (a = 0)$，常數函數之導數為 0，因為水平直線之斜率為 0。

◆ **例題 2**　求 $D(\sqrt{1 - x^2})$。

**解**　可以用純幾何的辦法求出 $\sqrt{1 - x^2}$ 的導函數。
函數 $y = \sqrt{1 - x^2}$ 的圖解就是單位圓 $x^2 + y^2 = 1$ 的上半，
任取其上一點 $P = (c, \sqrt{1 - c^2})$，
要計算過 $P$ 點的圓之**切線** $PT$ 的斜率。(參看下圖)
我們在國中已經知道：切線 $PT$ 與半徑 $\overline{OP}$ 垂直。

因為 $\overline{OP}$ 的斜率是 $\frac{\sqrt{1 - c^2}}{c}$，而切線的斜率是前者的負倒數，亦即 $\frac{-c}{\sqrt{1 - c^2}}$。此地 $c$ 只是 $P$ 的 $x$ 坐標，故知

$$D(\sqrt{1-x^2})=\frac{-x}{\sqrt{1-x^2}}\quad (0\le|x|<1)$$

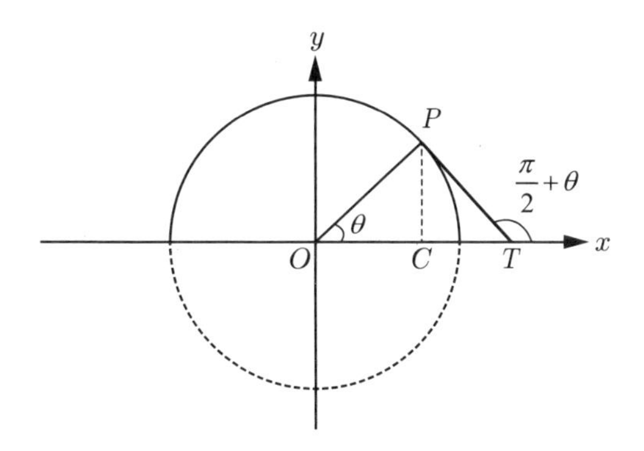


◆**例題 3**　求疾走線 $y^2=\frac{x^3}{2a-x}$ 在點 $(a, a)$ 處之切線，法線，切線影及法線影註 2 。

**解**　令 $u=\frac{x^3}{2a-x}$，則

---

註 2　$\overline{PT}$ 是切線，$\overline{PN}$ 是法線，各交 $x$ 軸於 $T, N$ 點，$P$ 之投影於 $x$ 軸為 $Q$，則 $\overline{QT}, \overline{QN}$ 各叫切線影及法線影。

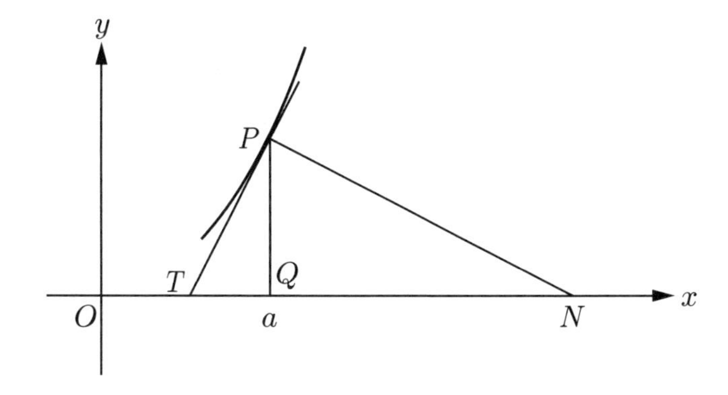

$$\frac{du}{dx}=\frac{3x^2(2a-x)-x^3(-1)}{(2a-x)^2}$$

在 $x=a, (u=a^2)$ 處，$\frac{du}{dx}=4a$

而 $y=\sqrt{u}$，故

$$\frac{dy}{du}=\frac{1}{2}u^{-\frac{1}{2}}, (=\frac{1}{2a})$$

而 $\frac{dy}{dx}=2$ 於 $x=a$ 處，故得

切線為 $y-a=2(x-a)$；影長為 $a/2$

法線為 $y-a=-2^{-1}(x-a)$；影長為 $2a$

## §2–5 反函數之導微

我們回憶一下反函數的概念，本來函數或映射的概念是要考慮兩個變量 $x, y$ 之關聯，$x$ 在 $A$ 中變動，$y$ 在 $B$ 中變動，當 $x$ 在 $A$ 中任取一值時 $y$ 就隨之取定一值，則這種關聯為一映射，可用一符號如 $f: A \to B$ 表示，$A$ 為定義域，$B$ 為值域，而 $y=f(x)$，或 $f: x \mapsto y$ 表示此函數式。

如果反過來，由 $y$ 恆可唯一地定出 $x$，則這個映射 $y \mapsto x$ 記成 $f^{-1}$，叫做 $f$ 的反映射或反函數，其條件為：$f$ 為**對射**。

由三角函數的例子可知大部分的函數雖然不是對射，卻可以經過「限制」而成為對射。這就是說，適當地取 $A$ 的子集 $A_1$ 及 $B$ 的子集 $B_1$，使得，當 $x \in A_1$ 時，$f(x) \in B_1$，而且：對 $y \in B_1$ 必有一個 $x$，也只有一個 $x$，使得 $x \in A_1$ 且 $f(x)=y$。

**反函數存在定理**

若 $f'$ 在一個開區間 $(a..b)$ 上都存在且不為 0，則 $f'$ 有固定正負號不變號，並且反函數 $g$ 存在。即是：$f$ 把 $(a..b)$ 對射到某個區間 $(\alpha..\beta)$ 去，而 $g$ 則是把 $(\alpha..\beta)$ 區間對射到 $(a..b)$。

反函數 $g$ 的導函數也存在，而且

$$g'(y)=\frac{1}{f'(x)}\quad(\text{但 } y=f(x),\ x=g(y))$$

**證　明** ———

辦法是利用連鎖規則 。因為 $y=f(x),\ x=g(y)$ ，所以 $x=g(f(x))$，對 $x$ 導微，得

$$1=g'(f(x))f'(x),$$

故當 $f'(x)\neq 0$ 時，我們有

$$g'(f(x))=\frac{1}{f'(x)}\ \text{或}\ g'(y)=\frac{1}{f'(x)}$$

如果是用魔鏡的放大率來看導數，這個公式是很自然的：函數 $f$ 是把 $A$ 軸這邊的 $x$ 變成 $B$ 軸那邊的 $y$ ，這樣的變換是放大了 $f'(x)$ 倍；反函數只是顛倒了作用，把 $B$ 那邊的 $y$ 變換到 $A$ 這邊的 $x$，所以放大倍率當然「顛倒」，成為

$$g'(y)=\frac{1}{f'(x)}$$

然而我們也可以用解析幾何的斜率解釋來看待這個公式！

【縱橫對調原理】假設方程式 $\varphi(x,\ y)=0$ 的圖解是曲線 $\Gamma:\varphi(x,\ y)=0$。現在將兩個變數對調，也就是令

$$\varphi^{\Diamond}(x,\ y)=\varphi(y,\ x)$$

請問：方程式 $\varphi^{\Diamond}(x,\ y)=0$ 的圖解會是怎樣的一條曲線 $\Gamma^{\Diamond}:\varphi^{\Diamond}(x,\ y)=0$？

如果有一點 $P=(\xi,\ \eta)$ 在曲線 $\Gamma$ 上，意思就是 $\varphi(\xi,\ \eta)=0$，那麼將點 $P$ 的縱橫坐標對調，得到點 $P^{\Diamond}=(\eta,\ \xi)$，它就會滿足

$$\varphi^{\Diamond}(\eta,\ \xi)=\varphi(\xi,\ \eta)=0$$

這表示 $P^{\Diamond}$ 是曲線 $\Gamma^{\Diamond}$ 上的點。其實：兩條曲線 $\Gamma$ 與 $\Gamma^{\Diamond}$，是「縱

橫對調」，或者說是「對於直線 $y=x$ 是對稱的」！

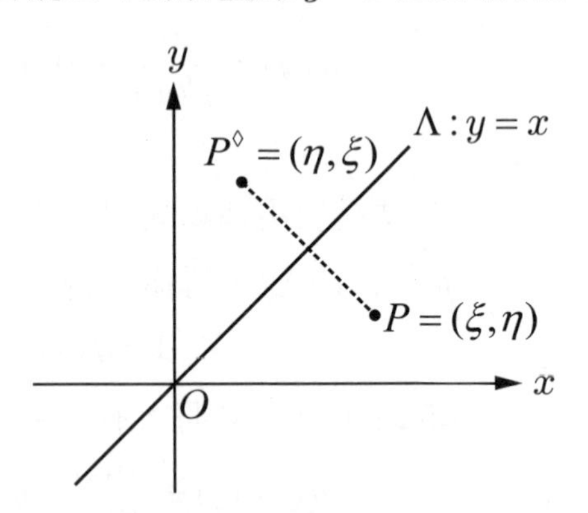


將一點 $P=(\xi,\ \eta)$ 的縱橫坐標對調得到點 $P^{\Diamond}=(\eta,\ \xi)$ 這兩點對於直線 $\Lambda: y=x$ 是「對稱的」或做「鏡射」，意思就是：點 $P$ 和點 $P^{\Diamond}$ 連接線段的**中垂線**就是 $\Lambda: y=x$。那麼我們將曲線 $\Gamma$ 的每一點 $P$ 都如此**做鏡射**，全部做完就得到 $\Gamma$ 的**鏡射曲線** $\Gamma^{\Diamond}$。

【例 1】 直線 $y=mx+k$ 的縱橫對調就成了直線 $x=my+k$，斜率由 $m$ 變成倒數 $\frac{1}{m}$。

現在我們可以這樣來理解反函數導微公式。今設函數 $f$ 的反函數為 $g$，畫出曲線 $\Gamma: y=f(x)$，意思就是 $\Gamma: x=g(y)$。所以反函數 $g$ 的圖解曲線 $y=g(x)$，就是 $\Gamma$ 的鏡射曲線 $\Gamma^{\Diamond}: y=g(x)$。

如果曲線 $\Gamma$ 上有一點 $P=(\xi,\ \eta)=(\xi, f(\xi))$，則 $\Gamma^{\Diamond}$ 上有鏡影點 $P^{\Diamond}=(\eta,\ \xi)=(\eta,\ g(\eta))$。導數 $f'(\xi)$ 的意思是什麼呢？

我們取 $\Gamma$ 上鄰近點 $P$ 的一點 $Q=(x, f(x))$，作割線 $PQ$，取極限 $\lim\limits_{x\to\xi}$ 時，割線的極限就是 $\Gamma$ 的切線。割線 $PQ$ 斜率的極限就是 $\Gamma$ 的切線斜率 $f'(\xi)$。

那麼 $g'(\eta)$ 的意思呢？只是考慮曲線 $\Gamma^{\Diamond}$（在點 $P^{\Diamond}$ 處）的切線斜率，也就是割線 $P^{\Diamond}Q^{\Diamond}$ 斜率的極限。所以是曲線 $\Gamma$（在點 $P$ 處）的切線斜率之倒數！

【例 2】　令 $f(x)=x^n,\ g(x)=\sqrt[n]{x}$，$n$ 是自然數。

若 $n$ 是奇數，$f(g(x))=x=g(f(x))$，所以兩者是「互逆」——互為反函數；若 $n$ 是偶數，我們把 $x$ 限制為非負實數，那麼 $f$ 也是對射：$\mathbb{R}_+\to\mathbb{R}_+$，而且 $f$ 和 $g$ 也是互為反函數。所以：

由 $\frac{d}{dx}f(x)=nx^{n-1}$，若 $y=f(x),\ x=g(y)$

則 $\frac{dx}{dy}=\frac{1}{\frac{dy}{dx}}=\frac{1}{nx^{n-1}},\ x=\sqrt[n]{y}$，故 $\frac{d}{dy}\sqrt[n]{y}=\frac{1}{n\sqrt[n]{y^{n-1}}}$，也就是說

$$\frac{d}{dy}y^{\frac{1}{n}}=\frac{1}{n}y^{\frac{1}{n}-1}$$

## §2-6　指數與對數函數之導微

有聊的指數函數 $a^x$，底數 $a>0$，而且 $a\neq 1$。於是根據導微的定義，我們有

$$Da^x=\lim_{\Delta x\to 0}\frac{a^{x+\Delta x}-a^x}{\Delta x}=a^x\lim_{\Delta x\to 0}(\frac{a^{\Delta x}-1}{\Delta x})$$

可以證明（太煩了！略過！）。其中極限 $\lim_{\Delta x\to 0}\frac{a^{\Delta x}-1}{\Delta x}$ 存在，它只與 $a$ 有關，記之為

$$\ln(a):=\lim_{\Delta x\to 0}\frac{a^{\Delta x}-1}{\Delta x}$$

於是得到指數函數的導微公式

$$Da^x=a^x\cdot\ln(a)$$

這就是說：指數函數的導微跟自身成正比，比例常數為 $\ln(a)$，而且 $\ln(a)$ 恰恰就是此函數在 $x=0$ 處的導數。

【推論】如果取實數 $e$，使得 $\ln(e)=1$，那麼

$$\begin{cases} De^x=e^x \\ \lim_{\Delta x\to 0}\frac{(e^{\Delta x}-1)}{\Delta x}=1 \end{cases}$$

繼續推論下去！$e>1$（當然！），因為不同底數的指數函數之間有換底公式，所以對於任何 $a>0$，我們將它寫成 $a=e^{\lambda}$（即 $\lambda=\log_e(a)$），則

$$a^x=(e^{\lambda})^x=e^{\lambda x}$$

用簡單的伸縮 $v=\lambda\cdot x$，得到

$$\frac{d}{dx}a^x=\frac{d}{dv}(e^v)\cdot\frac{dv}{dx}=\lambda\cdot e^v=\lambda a^x$$

前述公式中的 $\ln(a)$ 就是此地的 $\lambda$，也就是說：

$$\ln(a)=\log_e(a)$$

Euler 已經證明了：這個常數就是

$$e=\lim_{n\to\infty}(1+\frac{1}{n})^n=\sum_{n=0}^{\infty}\frac{1}{n!}=\frac{1}{0!}+\frac{1}{1!}+\frac{1}{2!}+\cdots$$
$$=2.7182818284590\cdots$$

這個數 $e=2.7182818\cdots$ 叫做自然指數之底，函數 $x\mapsto e^x$ 就叫做自然指數函數，有時記做 exp。同樣地，用 $e$ 做底的對數，叫做自然對數，$e$ 也是自然對數之底，而 $\ln(x)=\log_e(x)$。

【對數函數的導微為何？】我們知道指數函數與對數函數互為反函數，即 $\ln=\exp^{-1}$。由反函數的導微公式，只要會求其中一個的導微，另一個就會做了！

已知 $De^x=e^x$。對 $y=\ln(x)$，則 $e^y=x$，

$$\frac{dy}{dx}=D\ln(x)=\frac{1}{\frac{d}{dy}\exp(y)}=\frac{1}{\exp(y)}$$

$$=\frac{1}{\exp(\ln(x))}=\frac{1}{x}$$

對於一般的底數 $a$, $1\neq a>0$，就用換底公式

$$\log_a(x)=\log_e(x)/\log_e(a)$$
$$=\ln(x)/\ln(a)$$

故　$$D\log_a(x)=\frac{1}{\ln(a)}D\ln(x)=\frac{1}{x\ln(a)}=\frac{1}{\ln(a)}\cdot\frac{1}{x}$$

【注意】我們可以從定義出發，直接計算 $D\ln(x)$。事實上

$$D\ln(x)=\lim_{\Delta x\to 0}(\frac{\ln(x+\Delta x)-\ln(x)}{\Delta x})=\lim_{\Delta x\to 0}(\frac{\ln(\frac{x+\Delta x}{x})}{\Delta x})$$

$$=\lim_{\Delta x\to 0}[\frac{1}{x}\ln(1+\frac{\Delta x}{x})^{\frac{x}{\Delta x}}]=\frac{1}{x}\ln[\lim_{\Delta x\to 0}(1+\frac{\Delta x}{x})^{\frac{x}{\Delta x}}]$$

但是 $e$ 的定義是

$$e=\lim_{n\to\infty}(1+\frac{1}{n})^n$$

如果讓 $\Delta x=\frac{x}{n}$，而令 $n\to\infty$，就得到

$\ln[\lim_{\Delta x\to 0}(1+\frac{\Delta x}{x})^{\frac{x}{\Delta x}}]=\ln(e)=1$。

**習　題**

導微以下函數：

1. $y=e^x-e^{-x}$
2. $y=(\ln(x))^2$
3. $y=x\ln(x)$

概念上更重要的是：

由 $D\ln(x)=\frac{1}{x}$，推導出 $De^x=e^x$。

**證　明**

令 $y=e^x$，則 $x=\ln(y)$

而已知 $\frac{d}{dy}\ln(y)=\frac{1}{y}$，即 $\frac{dx}{dy}=\frac{1}{y}$，顛倒之

故 $\frac{dy}{dx}=y=e^x$

◆**例題 1** 求 $f(x)=x^x$ 之導函數。

**解** 因為 $x^x=e^{x\ln(x)}$ 故

$$\begin{aligned} Dx^x &= e^{x\ln(x)}\cdot D(x\ln(x)) \\ &= x^x(xD\ln(x)+\ln(x)\cdot Dx) \\ &= x^x(1+\ln(x)) \end{aligned}$$

【對數導微法】公式 $\frac{d}{dx}\ln(y)=\frac{1}{y}\ \frac{dy}{dx}$ 常被用來做「先取對數再導微」，此即所謂「對數導微法」：在上面的例題 1 中已用到了！對於乘積式 $f=g\cdot h\cdots$ ，取對數得 $\ln f=\ln g+\ln h+\cdots$ ，故

$$\frac{Df}{f}=\frac{Dg}{g}+\frac{Dh}{h}+\cdots$$

**習 題** —— 求 $\frac{dy}{dx}$：

1. $y=\ln[(x^2+2x+1)^{\frac{1}{2}}]$
2. $y=\frac{(\ln(x))^2}{1+x^2}$
3. $y=\ln(x^2+3x-5)$
4. $y=\ln(x^2\sin(x))$
5. $y=e^{-3x^2}$
6. $y=e^{(x^5+x^4+2x^2)}$
7. $y=5^{3x-2}$
8. $y=3^{\sin(x)}$

〔提示：4, 8 兩題，必須先學過 $\frac{d}{dx}\sin(x)=\cos(x)$。〕

## §2-7　三角函數之導微

應用夾擊原則不難證明下面重要的定理。

**基本三角極限定理**

$$\lim_{\theta \to 0} \frac{\sin\theta}{\theta} = 1$$

**證　明**

在右圖中，考慮扇形及兩個三角形的面積：

$\frac{1}{2}\theta,\ \frac{1}{2}\sin\theta\cos\theta,\ \frac{1}{2}\tan\theta$

顯然有

$\frac{1}{2}\sin\theta\cos\theta < \frac{1}{2}\theta < \frac{1}{2}\tan\theta$

於是 $\cos\theta < \frac{\theta}{\sin\theta} < \frac{1}{\cos\theta}$

從而 $\frac{1}{\cos\theta} > \frac{\sin\theta}{\theta} > \cos\theta$

此式對於 $0 < \theta < \frac{\pi}{2}$ 均成立

同時對於 $0 > \theta > -\frac{\pi}{2}$ 亦成立

因 $\lim_{\theta \to 0} \frac{1}{\cos\theta} = 1 = \lim_{\theta \to 0} \cos\theta$

故由夾擊原則知 $\lim_{\theta \to 0} \frac{\sin\theta}{\theta} = 1$



◆ **例題 1**　$\lim_{t \to 0} \frac{\sin^2 t}{t} = ?$

**解**　$\lim_{t \to 0} \frac{\sin^2 t}{t} = \lim_{t \to 0} t \frac{\sin^2 t}{t^2}$

$= \lim_{t \to 0} t \times (\frac{\sin t}{t})^2 = \lim_{t \to 0} t \times \lim_{t \to 0} (\frac{\sin t}{t})^2$

$= 0 \times 1 = 0$

**習　題** ——— 我們已證得 $\lim\limits_{x\to 0}\dfrac{\sin x}{x}=1$，但 $x$ 的單位是弧度。今若 $x$ 的單位改成度。試證 $\lim\limits_{x\to 0}\dfrac{\sin x^{\circ}}{x}=\dfrac{\pi}{180}$。

◆**例題 2**　$\lim\limits_{x\to\frac{\pi}{2}}(\dfrac{\pi}{2}-x)\tan x=?$

**解**　設 $\dfrac{\pi}{2}-x=y$

則 $\lim\limits_{x\to\frac{\pi}{2}}(\dfrac{\pi}{2}-x)\tan x=\lim\limits_{y\to 0}y\cot y=\lim\limits_{y\to 0}\dfrac{\cos y}{\dfrac{\sin y}{y}}=1$

◆**例題 3**　$\lim\limits_{x\to 0}\dfrac{1-\cos x}{x^2}=?$

**解**　因 $\dfrac{1-\cos x}{x^2}=\dfrac{2\sin^2\dfrac{x}{2}}{x^2}=\dfrac{1}{2}(\dfrac{\sin\dfrac{x}{2}}{\dfrac{x}{2}})^2$，故其極限值為 $\dfrac{1}{2}$

◆**例題 4**　$\lim\limits_{x\to 0}\dfrac{\sin 2x}{\sin 3x}=?$

**解**　$\lim\limits_{x\to 0}\dfrac{\sin 2x}{\sin 3x}=\lim\limits_{x\to 0}(\dfrac{\dfrac{\sin 2x}{2x}}{\dfrac{\sin 3x}{3x}})\cdot\dfrac{2}{3}=(\dfrac{\lim\limits_{x\to 0}\dfrac{\sin 2x}{2x}}{\lim\limits_{x\to 0}\dfrac{\sin 3x}{3x}})\cdot\dfrac{2}{3}$

$=(\dfrac{1}{1})\cdot\dfrac{2}{3}=\dfrac{2}{3}$

【三角函數的導微】我們的出發點是：

$$\lim_{x\to 0}\frac{\cos x-1}{x}=0 \text{ 與 } \lim_{x\to 0}\frac{\sin x}{x}=0$$

首先證明：

$$D\sin x = \cos x$$

**證　明**

$$D\sin x = \lim_{\Delta x \to 0} \frac{\sin(x+\Delta x)-\sin x}{\Delta x}$$

底下有兩種方式證明這公式

一種是用**和差化積**，得

$$\lim_{\Delta x \to 0}\left[\frac{2\sin\frac{\Delta x}{2}\cos(x+\frac{\Delta x}{2})}{\Delta x}\right] = \lim_{\Delta x \to 0}\frac{\sin(\frac{\Delta x}{2})}{\frac{\Delta x}{2}} \cdot \lim_{\Delta x \to 0}\cos(x+\frac{\Delta x}{2})$$

$$= \cos x$$

另一種方式是

$$\lim_{\Delta x \to 0} \frac{\sin(x+\Delta x)-\sin x}{\Delta x}$$

$$= \lim_{\Delta x \to 0} \frac{\sin x\cos\Delta x + \cos x\sin\Delta x - \sin x}{\Delta x}$$

$$= \lim_{\Delta x \to 0}\left[\sin x\left(\frac{\cos\Delta x - 1}{\Delta x}\right) + \cos x\left(\frac{\sin\Delta x}{\Delta x}\right)\right]$$

$$= (\sin x)\cdot 0 + (\cos x)\cdot 1 = \cos x$$

類似地，可以驗證（證明省略）$D\cos x = -\sin x$。再應用除法定理就得到：

$$D\tan x = D\left(\frac{\sin x}{\cos x}\right) = \sec^2 x$$

**證　明**

$$D\tan x = D\left(\frac{\sin x}{\cos x}\right)$$

$$= \frac{\cos xD\sin x - \sin xD\cos x}{\cos^2 x}$$

$$= \frac{\cos^2 x + \sin^2 x}{\cos^2 x}$$

$$= \frac{1}{\cos^2 x} = \sec^2 x$$

**習 題** —— 試證：

$D\cot x = -\csc^2 x$

$D\sec x = \sec x \cdot \tan x$

$D\csc x = -\csc x \cdot \cot x$

◆**例題 5** 求 $D(5x^{-2} + \tan x + 2x^3)$。

**解** $D(5x^{-2} + \tan x + 2x^3)$

$= D(5x^{-2}) + D(\tan x) + D(2x^3)$

$= 5D(x^{-2}) + D(\tan x) + 2D(x^3)$

$= 5(-2x^{-3}) + \sec^2 x + 2(3x^2)$

$= -10x^{-3} + 6x^2 + \sec^2 x$

◆**例題 6** 求 $D\sin 2x$。

**解** 令 $y = \sin 2x,\ u = 2x$，則 $y = \sin u$

$$\therefore D\sin 2x = \frac{dy}{dx} = \frac{dy}{du}\frac{du}{dx} = (\cos u)\cdot 2$$

$$= (\cos 2x)\cdot 2 = 2\cos 2x$$

◆**例題 7** 求 $D[\sin(1 + x^2)]^3$。

**解** 令 $y = v^3,\ v = \sin u,\ u = 1 + x^2$，則

$$\frac{dy}{du} = \frac{dy}{dv}\frac{dv}{du} = 3v^2 \cdot \cos u$$

再用一次連鎖公式：

$$\frac{dy}{dx} = \frac{dy}{du}\frac{du}{dx} = (3v^2\cos u)\cdot(2x)$$

把所有的變數換成 $x$，得

$$\frac{d}{dx}[\sin(1+x^2)]^3$$
$$=3[\sin(1+x^2)]^2\cdot\cos(1+x^2)\cdot 2x$$

**習　題** —— 求下列各式的導函數：

1. $\dfrac{\sin x}{a+b\cos x}$
2. $\dfrac{\cos x}{1+\cot x}$
3. $\sin x-\cos x$
4. $\dfrac{\sin^2 x}{\cos x}$
5. $y=\tan(5x^2)$
6. $y=\cos(\sqrt{x})$
7. $y=\sqrt{\cos x}$
8. $y=\sin^2(x^3)$
9. $y=\sin(\cos x)$
10. $y=\tan(\dfrac{1}{x})$
11. $y=\sin(x^2-1)$
12. $y=\sec^2(ax+b)$
13. $y=\tan x+\dfrac{1}{3}\tan^3 x$
14. $y=\sin(x^\circ)$
15. $y=(\sin^2 x)(\cos^3 x)$

## §2-8　反三角函數之導微

如果有一個連續函數 $f$，定義在區間 $A$ 之上，我們要談論它的「反函數」，意思是由 $y=f(x)$ 反求 $x$。那麼先決條件是：不允許有「$x_1\neq x_2$，而 $f(x_1)=f(x_2)$」。

有個簡單的辦法，就是把定義區間 $A$ 縮小成**更小的區間** $A_0$，使得函數 $f$ 在 $A_0$ 上是**狹義單調的**。這是「對定義的**限制**」。

例如說：對於 sin，如果把它限制到區間 $[\frac{-\pi}{2}..\frac{\pi}{2}]$，就成為狹義遞增了。於是由這個限制，

$$\sin : [\frac{-\pi}{2}..\frac{\pi}{2}] \to [-1..1]$$

就得到 sin 的反函數：

$$\arcsin : [-1..1] \to [-\frac{\pi}{2}..\frac{\pi}{2}],\ x = \arcsin y$$

其它三角函數也都要作一些限制，才能談其反函數。我們把習慣上的限制寫在下面：

$$\cos : [0..\pi] \to [-1..1]$$

$$\tan : (-\frac{\pi}{2}..\frac{\pi}{2}) \to (-\infty..\infty)$$

$$\cot : (0..\pi) \to (-\infty..\infty)$$

$$\sec : [0..\frac{\pi}{2}) \cup (\frac{\pi}{2}..\pi] \to (-\infty..-1] \cup [1..\infty)$$

$$\csc : [-\frac{\pi}{2}..0) \cup (0..\frac{\pi}{2}] \to (-\infty..-1] \cup [1..\infty)$$

這樣對定義域作了限制之後，函數 $f$ 的反函數，通常就記成 $f^{-1}$。但是，這裡有很大的危險！會把 $f^{-1}(x)$ 與 $\frac{1}{f(x)}$ 混淆了。尤其在三角學中，$\sin^3(x)$ 的意思是 $(\sin(x))^3$，因而

$\sin^{m+n}(x) = \sin^m(x)\sin^n(x)$ 對於自然數 $m, n$ 會成立！

所以我覺得用 arcsin 表示 sin 的反函數比較安全！

【反三角函數之導微】讓我們來作反三角函數的導微。

求 $\frac{d}{dy}\arcsin y$。因為 $y = \sin x,\ x = \arcsin y$，故

$$\frac{d}{dy}\arcsin y = \frac{1}{D\sin x} = \frac{1}{\cos x}$$

$$= \frac{1}{\pm\sqrt{1-\sin^2 x}} = \frac{1}{\pm\sqrt{1-y^2}}$$

由於限定 $x \in [-\frac{\pi}{2} .. \frac{\pi}{2}]$，故 $\cos x$ 恆為正。因此上式只取正號，於是得到

$$\frac{d}{dy}\arcsin y = \frac{1}{\sqrt{1-y^2}}$$

通常我們習慣將 $x$ 當獨立變數，故上式可改成

$$D\arcsin x = \frac{1}{\sqrt{1-x^2}}$$

試證 $D\arctan x = \dfrac{1}{1+x^2}$。

**證　明**

令 $y = \arctan x$，則 $x = \tan y$

$$\therefore D\arctan x = \frac{1}{D\tan y} = \frac{1}{\sec^2 y}$$

$$= \frac{1}{1+\tan^2 y} = \frac{1}{1+x^2}$$

同理

$$D(\arccos x) = \frac{-1}{\sqrt{1-x^2}}$$

$$D(\operatorname{arccot} x) = \frac{-1}{1+x^2}$$

$$D(\operatorname{arcsec} x) = \frac{-1}{|x|\sqrt{x^2-1}}$$

$$D(\operatorname{arccsc} x) = \frac{1}{|x|\sqrt{x^2-1}}$$

【注意】$\arccos x + \arcsin x = \dfrac{\pi}{2}$。〔等等〕！

◆**例題 1** $D(\arcsin\frac{x}{a})=\frac{1}{\sqrt{1-(\frac{x}{a})^2}}D(\frac{x}{a})$（連鎖規則）

$$=\frac{1}{\sqrt{a^2-x^2}}$$

◆**例題 2** $D(\arctan\frac{a+x}{1-ax})=\frac{1}{1+(\frac{a+x}{1-ax})^2}D(\frac{a+x}{1-ax})$

$$=\frac{1+a^2}{(1-ax)^2+(a+x)^2}=\frac{1}{1+x^2}$$

**習 題** ——— 試求下列各式的導微：

1. $x\arcsin x$
2. $x\sqrt{a^2-x^2}+a^2\arcsin\frac{x}{a}\ (x>0)$
3. $\arccos(\frac{1-x^2}{1+x^2})$
4. $\arctan(\sec x+\cos x)$

## §2–9 近似計算

【微分法與近似值的計算】根據導數的定義

$$f'(a)=\lim_{x\to a}\frac{f(x)-f(a)}{x-a}$$

也就是

$\frac{dy}{dx}$（當 $x=a$ 時）$=\lim_{\Delta x\to 0}\frac{\Delta y}{\Delta x}$，其中 $\Delta y=f(x)-f(a),\ \Delta x=x-a$

那麼，在 $\Delta x$ 夠小時，

$\frac{dy}{dx}$（當 $x=a$）$=f'(a)$ 與 $\frac{\Delta y}{\Delta x}=\frac{f(x)-f(a)}{(x-a)}$ 很接近，

因此 $f(x)$ 與 $f(a)+f'(a)(x-a)$ 很接近，

這是**切線逼近**的原理：

$y=f(x)$ 是原曲線，可用切線 $y=f(a)+f'(a)(x-a)$ 逼近。

◆**例題 1**　有一球殼，內半徑為 10 公分，厚度為 $\frac{1}{10}$ 公分，試求其體積之近似值。

**解**　因為半徑為 $x$ 之球體，其體積為

$$V=\frac{4}{3}\pi x^3$$

於是此球殼的體積為

$$\Delta V=\frac{4}{3}\pi\cdot(10\frac{1}{10})^3-\frac{4}{3}\pi(10)^3$$

這不容易算，又因為厚度 $\frac{1}{10}$ 公分很小，故可用微分 $dV$ 來作線性逬近。今因

$$dV=4\pi x^2dx$$

令 $x=10,\ dx=\frac{1}{10}$，則得近似值為

$$dV=125.7 \text{ 立方公分}$$

◆**例題 2**　設一圓之直徑量得為 5.2 公分，其最大誤差為 0.05 公分，試求面積之誤差。

**解**　直徑為 $x$ 之圓面積為

$$A=\frac{1}{4}\pi x^2$$

令 $dA=\frac{1}{2}\pi x dx$，令 $x=5.2,\ dx=0.05$，於是得

$$\Delta A\approx dA=\frac{1}{2}\pi\times5.2\times0.05=0.41 \text{ 平方公分}$$

**習　題**

1. 求 $\sin 31°$ 之近似值。
2. 有一立方體金屬塊，受熱時，溫度每增加一度，其邊長即增加 $\frac{1}{10}$ 公分。試證溫度每增加一度時，表面積增加 0.2%，體積增加 0.3%。(邊長為 1 公尺)
3. 利用微分工具求下列各數的近似值：

(1) $\sqrt[3]{1010}$。　(2) $\sqrt[3]{120}$。　(3) $\sqrt{103}$。

(4) $\sqrt{35}$。　(5) $\frac{1}{\sqrt{51}}$。

【Newton 切線法求近似根】　如果方程式 $f(x)=0$ 有個近似根 $a$，那麼雖然 $f(a)\neq 0$，在 $a$ 的附近 $a+\Delta x$ 處，應該有根：$f(a+\Delta x)=0$。但今 $f(a+\Delta x)\approx f(a)+f'(a)\Delta x$，所以 $\Delta x\approx \frac{-f(a)}{f'(a)}$，因而 $a+\frac{-f(a)}{f'(a)}$ (大概) 是更為近似的根。通常令 $a=x_1$，底下，令 $x_{n+1}=x_n-\frac{f(x_n)}{f'(x_n)}$，可以求出越來越近似的根！

$$P(x)=x^3+2x^2+10x-20=0 \qquad \text{令 } x_1=1$$

$$\begin{array}{cccc|l}
1 & 2 & 10 & -20 & 1 \\
 & 1 & 3 & 13 & \\
\hline
1 & 3 & 13 & -7=P(1) & \\
 & 1 & 4 & & \\
\hline
1 & 4 & 17=P'(1) & &
\end{array}$$

$$x_2=1-\frac{-7}{17}$$
$$=1.41$$

$$
\begin{array}{cccc|c}
1 & 2 & 10 & -20 & 1.41 \\
 & 1.41 & 4.81 & 20.88 & \\
\hline
1 & 3.41 & 14.81 & 0.88 = P(x_2) & \\
 & 1.41 & 6.80 & & \\
\hline
1 & 4.82 & 21.61 = P'(x_2) & &
\end{array}
\qquad
\begin{aligned}
x_3 &= 1.41 - \frac{0.88}{21.61} \\
&= 1.37
\end{aligned}
$$

$$
\begin{array}{cccc|c}
1 & 2 & 10 & -20 & 1.37 \\
 & 1.37 & 4.62 & 20.029 & \\
\hline
1 & 3.37 & 14.62 & 0.029 = P(x_3) & \\
 & 1.37 & 6.49 & & \\
\hline
1 & 4.74 & 21.11 = P'(x_3) & &
\end{array}
\qquad
\begin{aligned}
x_4 &= 1.37 - \frac{0.029}{21.11} \\
&\approx 1.37
\end{aligned}
$$

◆**例題 3**　求 $x^2 - 3 = 0$ 的正根。

**解**　令 $f(x) = x^2 - 3$，則 $f'(x) = 2x$

$$\therefore x_2 = x_1 - [\frac{f(x_1)}{f'(x_1)}]$$

$$= \frac{x_1 + \frac{3}{x_1}}{2}$$

如果取 $x_1 = 2$（初步估計），那麼

$$x_2 = \frac{2 + \frac{3}{2}}{2} = 1.750$$

$$x_3 = \frac{x_2 + \frac{3}{x_2}}{2} = 1.732$$

這已經很夠用了。以上這方法，巴比倫人早就懂了。

**習　題**——　求 $x^3-7=0$ 的正根。

我們總結以上近似計算的要領，就得到微分的概念。

如果 $x$, $y$ 是兩個變量，其中 $x$ 為獨立變量而 $y$ 依賴於 $x$，那麼我們由

$$\frac{dy}{dx}=f'(x)=\lim_{\Delta x\to 0}\frac{f(x+\Delta x)-f(x)}{\Delta x}$$

得到這樣的解釋：

當自變量由 $x$ 變為 $x+\Delta x$ 時，變化量（**差分**）為 $\Delta x$。

依賴變量由 $y=f(x)$ 變為 $y+\Delta y=f(x+\Delta x)$，變化量（**差分**）為

$$\Delta y=f(x+\Delta x)-f(x)$$

我們將微分 (differential) 解釋為「無限小的差分」，其記號為 $d$，於是

$$dy=f'(x)dx \qquad [1]$$

實際上，人能夠面對的，必定是**有限的**，不可能接觸到**無限**（無限大或無限小），上面這式的意思只是

$$\Delta y\approx f'(x)\Delta x\text{，即 } f(x+\Delta x)-f(x)\approx f'(x)\Delta x \qquad [2]$$

而左右之差，在 $\Delta x$ 趨近零時，「相對於 $\Delta x$ 來說」，也趨近零，

$$\lim_{\Delta x\to 0}\left(\frac{[f(x+\Delta x)-f(x)]-f'(x)\Delta x}{\Delta x}\right)=0 \qquad [3]$$

「微分」概念的要義，就是把 [1] 式用 [3] 式來理解！

$dx=$（想像中無限小的）$\Delta x$，

而 $dy=f'(x)dx$ 雖然不是**差分** $f(x+dx)-f(x)$，卻是後者的**主要部分**：兩者的差

$[f(x+dx)-f(x)]-f'(x)dx$，「被 $dx$ 除之後」仍是無限小！

# 第 3 章　函數之導微（中）：多個變數

## §3–1　參變函數之導微

如果有三個變量 $u, v, w$；變化區間分別為 $A, B, C$。我們的興趣在於 $u$ 與 $v$ 之間的函數關係

$$v=\varphi(u) \tag{1}$$

但是，在某些科學探討中，這函數 $\varphi$ 常常沒有直接地被表達出來！這時候我們必須找到某種間接的探討方式。其中比較簡單的方式就是參變函數的表達法，這也就是說，雖然沒有 [1] 式，但是卻找到兩個**函數關係**

$$u=f(w),\ v=g(w) \tag{2}$$

要點是：這裡的 $f, g$ 都是直接被寫出來了！

**定理**　如果 [2] 式中，$f$ 與 $g$ 都是在區間 $C$ 上可以導微的函數，而且 $f'(w)$ 有確定的正負號（不為零！）。
則變數 $v$ 可以表達成變數 $u$ 的函數 $v=\varphi(u)$，而且
導數 $\varphi'(u)=\dfrac{g'(w)}{f'(w)}$，當 $u=f(w)$。

事實上，因為 $\dfrac{du}{dw}=f'(w)\neq 0$，那麼 $w$ 可以表達為 $u$ 的函數，(這是反函數定理！) $w=\psi(u)$，而且

$$\psi'(u)=\frac{dw}{du}=\frac{1}{f'(w)}$$

那麼，把 $\psi$ 和 $g$ 合成就得到函數 $\varphi$ 了

$$v=g(\psi(u))=\varphi(u)$$

因此就用得上

$$\frac{dv}{du}=\varphi'(u)=\frac{dv}{dw}\cdot\frac{dw}{du}=g'(w)\cdot\psi'(u)=\frac{g'(w)}{f'(w)}$$

【例 1】 設 $x=\cos(\theta),\ y=\sin(\theta)$

則 $\dfrac{dy}{d\theta}=\cos(\theta),\ \dfrac{dx}{d\theta}=-\sin(\theta)$

於是
$$\frac{dy}{dx}=-\frac{\cos(\theta)}{\sin(\theta)} \qquad [3]$$

（此地我們假定 $0<\theta<\pi=180°$）

本來 $y$ 與 $x$ 的關係，是 $x^2+y^2=1,\ (y>0)$，可得

$y=\sqrt{1-x^2}$，就算出來

$$\frac{dy}{dx}=\frac{-x}{\sqrt{1-x^2}}$$

和現在的答案 [3] 一致。

## §3–2 向量值函數

數學的一個好處是：由於它很抽象，所以解釋起來很自由！要「類推」就很容易了。

例如說，我們遇到的問題中有三個變數，有一個要被視為自變數，另兩個被視為依賴變數。那麼我們經常把前者標記為 $t$，把後者記為 $x$ 與 $y$；然後把前者解釋為**時間** ($t=$time)，而 $x=f(t),\ y=g(t)$ 是一個 「質點」 在 $t$ 時刻的位置之橫與縱坐標，這「質點」是在位置 (position) 的坐標平面上「運動」。

於是，如果兩個函數 $f$ 與 $g$ 是可以微導的函數了話，那麼 $f'(t),\ g'(t)$ ， 分別就是這質點在 $t$ 時刻的速度之橫向與縱向成分。

當時間變數 $t$ 在區間 $[a..b]$ 內變動時 ，這段時間內質點的全部位置，就是此質點之**軌跡**，通常是一條「曲線」。

【例 1】 如果質點的軌跡是圓（弧的一段），圓心在原點，半徑為 $R$，那麼 $x=f(t),\ y=g(t)$ 會滿足

$$x^2+y^2=f(t)^2+g(t)^2=R^2$$

於是由加法與乘法的導微規則，

$$2[f(t)\times f'(t)+g(t)\times g'(t)]=0$$

在高中學過最粗淺的向量概念告訴我們：

若令

$$\vec{x}=(f(t),\ g(t))\text{ 與 }\vec{v}=(f'(t),\ g'(t))$$

是兩個向量，(其成分就是 $f(t), g(t)$ 與 $f'(t), g'(t)$，這是記號的涵意，) 那麼這兩個向量的內積就是對應成分相乘再加起來，

$$\vec{x}\cdot\vec{v}=f(t)f'(t)+g(t)g'(t)$$

因而在此例中，內積為 0，表示這兩個向量相垂直！

如果我們抽象地思考，那麼可以把

$$v_x=f'(t),\ v_y=g'(t)$$

標記在**速度（的坐標）平面上**。

我們學過：

$$v=\sqrt{{v_x}^2+{v_y}^2}\quad\text{叫做}\textbf{速率}$$

那麼上面所敘述的「定理」，也可以適用於速度平面上：

若質點的速率保持一定，則

$$ {v_x}^2+{v_y}^2=f'(t)^2+g'(l)^2=v^2$$

是個常數。那麼，速度的兩個成分之導微所組成的向量 $\vec{a}=(f''(t),\ g''(t))$，即所謂**加速度向量**，必然與速度向量 $\vec{v}=(f'(t),\ g'(t))$ 相垂直！

哈！順便學這麼一點點物理吧：

質點的（受）力是 $\vec{F}=m\times\vec{a}$，($m$ 是質量)。

質點的動能是 $\frac{m}{2}v^2$。

因此，(平面上的) 一質點，如果動能一直保持不變，那麼它所受到的力，必然是一直與**速度（運動）方向**相垂直！(反過來講

也對啊！）

事實上，如果考慮（以原點為圓心的）等速率圓周運動，

$$\begin{cases} x = f(t) = R \times \cos(\omega t) = R\cos(\theta) \\ y = g(t) = R \times \sin(\omega t) = R\sin(\theta) \end{cases}$$

（我們讓 $t=0$ 時的「起點」在 $x$ 軸上，而「輻角」是 $\theta = \omega \cdot t$，則角速 $\omega = \dfrac{d\theta}{dt}$ 是常數不變。）

那麼「速度 $\vec{v}$ 與坐標向量 $\vec{x}$ 相垂直」，就（差不多）確定

$$f' = v_x = \frac{d}{dt}R\cos(\omega t) = -\omega R\sin(\omega t)$$

$$g' = v_y = \frac{d}{dt}R\sin(\omega t) = \omega R\cos(\omega t)$$

（注意：必須 $f'(t)f(t) + g'(t)g(t) = 0$，並且 $f'(t)^2 + g'(t)^2 = v^2$。

而速率 $v$ 是圓周長 $2\pi R$ 除以**週期** $\dfrac{2\pi}{\omega}$，故 $v = R\omega$。）

我們也可以由**物（之）理**得到**數學**。

即三角函數微分法的公式

$$\begin{cases} \dfrac{d}{dt}\cos(\omega t) = -\omega\sin(\omega t) \\ \dfrac{d}{dt}\sin(\omega t) = \omega\cos(\omega t) \end{cases}$$

以上談到：一個自變數與兩個依賴變數的狀況。我們當然可以類推到 $n(\geq 2)$ 個依賴變數的狀況。例如 $n=3$，則用 $x=f(t),\ y=g(t),\ z=h(t)$ 去合成一個 3 維的位置向量 $\vec{x}=(f(t), g(t), h(t))$，而 $v_x=f'(t), v_y=g'(t), v_z=h'(t)$ 則合成了速度向量 $\vec{v}$。向量 (vector) 簡寫為「矢」，那麼，$\vec{x}, \vec{v}$ 就都是時間 $t$ 的**矢值函數** (vector-valued function)。切記：說 vector function 是很糟糕的用法，因為形容詞 vector 是表示函數值有許多個成分。

## §3–3 立體空間坐標系

我們學過平面直角坐標系，它的最大用途就是把幾何問題化為代數計算，另外一個用途則是把函數關係「幾何地形象化」。現在簡單地介紹立體空間的坐標系，它也有相同的功能。

所謂在空間中「取定一個坐標系 $\mathscr{F}$」，就是說「取定一點 $O$ 作原點，過 $O$ 點作三個互相垂直的直線為 $x, y, z$ 三軸，再取定一個單位尺度，並規定三軸的正負向」。我們恆取**右手坐標系**，使得右手大拇指、食指、中指分別指 $x, y, z$ 三軸的正向。那麼相對於這個坐標系，空間中的點就跟 $(x, y, z)$ 成功對射。因此空間中的 $P$ 點，可用跟它相對應的 $(x, y, z)$ 來代表，而把點與 $(x, y, z)$ 看成「二而一」：

$$P=(x, y, z) \text{（對坐標系 } \mathscr{F} \text{ 而言）}$$

稱 $(x, y, z)$ 為 $P$ 點相對於 $\mathscr{F}$ 的坐標。

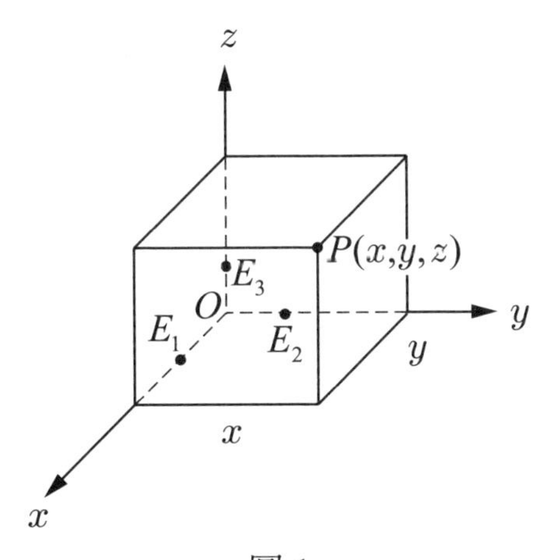


圖 1

我們用記號 $\mathbb{R}^3$ 表示所有點 $(x, y, z)$ 的集合，亦即

$$\mathbb{R}^3=\{(x, y, z) \mid x, y, z \in \mathbb{R}\}$$

因此，每當取定一個坐標系 $\mathscr{F}$ 後，我們所生存的空間就可以看成是集合 $\mathbb{R}^3$，通常說空間是三維的，就是因為空間的點必須用

三個坐標來代表的緣故。**維數** (dimension) 一詞，在數學上有許多涵意，暫時就這樣理解。

【注意】要使坐標有正負，各個坐標直線（$x$ 軸，$y$ 軸，$z$ 軸）也必須有符號（成了**有號直線**）：有一側為正向！

在符號及基準長度取好之後，也就可以取好三個**基準點** $E_1, E_2, E_3$。反之，取好原點 $O$ 及 $E_1, E_2, E_3$ 也就構成一個坐標系 $(O, E_1, E_2, E_3)$ 了。

此地我們強調一下：空間是數學的場地；而坐標系是**人為的**取定，只為了方便於描述和處理問題。

為什麼各坐標軸要互相垂直？為什麼三軸上的基準長度都要相同？

因為，「使它們**都垂直，而且單位長相同**」有許多好處。這就是：距離公式（Pythagoras 公式（立體））可以大大簡化。

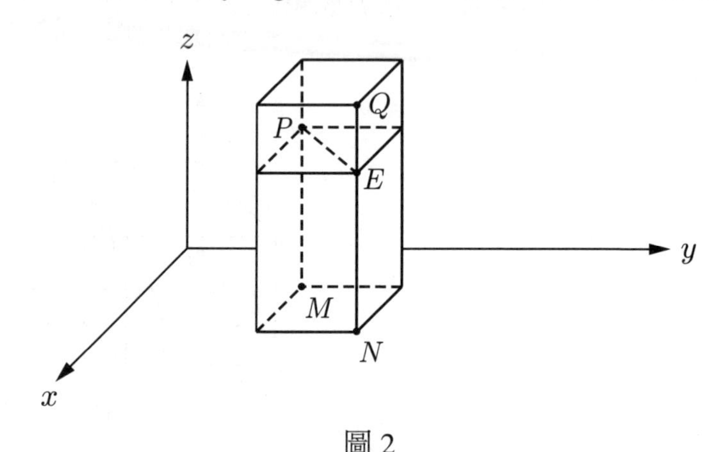


圖 2

考慮兩點 $P=(x_1, y_1, z_1)$, $Q=(x_2, y_2, z_2)$ 的距離，在圖 2 中，

$$\overline{PQ}^2 = \overline{MN}^2 + \overline{QE}^2$$
$$= (x_2-x_1)^2 + (y_2-y_1)^2 + (z_2-z_1)^2$$

故
$$\overline{PQ} = \sqrt{(x_2-x_1)^2 + (y_2-y_1)^2 + (z_2-z_1)^2} \qquad [1]$$

【例 1】 $A=(1, 3, 2)$, $B=(3, 2, 5)$，則 $\overline{AB}=\sqrt{14}$, $\overline{OA}=\sqrt{14}$。

**習　題** —— 求兩點距離。

1. $P=(3, 4, 6)$, $Q=(1, 2, 3)$
2. $A=(5, 3, 4)$, $B=(2, 4, 8)$

在平面解析幾何學中，一個方程式 $f(x, y)=0$ 通常代表一個曲線；這就是找出所有滿足此方程的 $(x, y)$，把它點出來，這些點全體是一條曲線。同樣地，在立體解析幾何學中，一個方程式 $f(x, y, z)=0$ 之圖形通常是個曲面：我們也把滿足它的 $(x, y, z)$ 點出來，其全體為一曲面。

◆**例題 1**　曲面 $(x-5)^2+(y-3)^2+(z-4)^2=(5-2)^2+(3-4)^2+(4-8)^2=26$ 是怎樣的形狀？

**解**　（看看上面的習題 2. 。）　滿足這方程式的點 $(x, y, z)$ 與點 $A=(5, 3, 4)$ 的距離，就是 $AB$ 的距離，$B=(2, 4, 8)$。所以這曲面就是以 $A$ 點為球心，經過 $B$ 點的球面！

【兩變數函數的圖解】函數是用來描述自然和人文現象的工具。一般而言，我們遇到的函數都很複雜，一定是多元函數。例如同樣的病，用藥量 $w$ 可以是病人的溫度 $x$、年級 $y$、體重 $z$ 等等的函數，即 $w=f(x, y, z)$；又稻米產量 $w$，可能是施肥量 $x$、氣溫 $y$、土壤 $z$、雨量 $u$ 等因素的函數，即 $w=f(x, y, z, u)$。這些都是多變函數的例子，你能再舉更多的實例嗎？

許多現象的變化，常常是由某些「因」$x, y, z\cdots$ 產生某個「果」$w$，這樣的因果關係，我們就說 $w$ 是 $x, y, z\cdots$ 的函數，記為

$$w=f(x, y, z, \cdots)$$

底下著重在最簡單的情形，即二變元函數。習慣上，我們用 $(x, y)$ 代表自變數，$z$ 代表依賴變數，而函數關係

$$z=f(x, y)$$

的「圖解」，意思就是：

就種種的 $(x, y)$，去計算函數值 $f(x, y)$，得到

$$z_1=f(x_1, y_1), z_2=f(x_2, y_2), \cdots z_n=f(x_n, y_n)$$

**想像**在立體坐標空間，把這些點

$$(x_1, y_1, z_1), (x_2, y_2, z_2), \cdots (x_n, y_n, z_n)$$

**織連起來**，得到一個曲面 $S$[註1]，這就是函數 $f$ 的圖解

$$S: z=f(x, y)$$

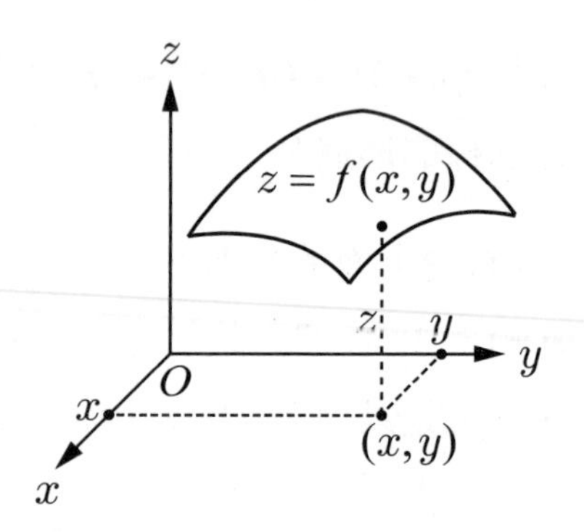


【注意】此地我們必須做個分辨。在談論函數的圖解時，自變數與依賴變數是有區別的。我們把 $z=f(x, y)$ 叫做「點 $(x, y)$ 處的函數值」。因此，這個「點」$(x, y)$ 是定義域裡面的點（二維坐標面裡面的「點」！只有兩個坐標！），而圖解曲面 $S$ 上的「點」則是有三個坐標，是「點」$(x, y)$ 與它的函數值 $z=f(x, y)$ 結合起來。

註 1　所以說這樣的圖解只能靠想像！我們畫在書中的「曲面」必須靠你的透視去理解！現在因為出現了 3D 印表機，將來的學生（與教師）就不會那麼辛苦了！

## §3–4　偏與全：函數

現在考慮如何研究多元函數。在本書中，我們介紹一種方法，相當有效。這方法就是：「化全為偏，以偏概全」。

前面我們學過一點點單變數的微積分，而現在遇到**多個自變數的函數**，那麼學過的那些方法，豈不是不能用嗎？

其實，遇到兩變數函數 $z=f(x, y)$，如果我們固定變數 $x$ 為 $a$，而考慮自變數 $y$ 的函數 $z=f(a, y)$，這是個單變數函數，（可以記成 $f(a, \bullet)$）稱為原來兩變數函數的**偏函數**。（偏 $y$ 而固定 $x=a$ 的函數！）同樣地，可以考慮偏 $x$ 而固定 $y=b$ 的函數 $f(\bullet, b)$。

於是對於每個 $a$，考慮偏函數 $z=f(a, y)$ 的圖解（曲線），這應該叫做**偏圖解**，我們也可以考慮導微函數 $\frac{d}{dy}f(a, y)$。完全同樣地，對於每個 $b$，也可考慮偏函數 $z=f(x, b)$ 的圖解，以及導微函數 $\frac{d}{dx}f(x, b)$。

這就需要**更好的記號**了！因為我們必須對種種不同的 $a$, $(a_1, a_2, \cdots)$ 考慮導函數 $\frac{d}{dy}f(a, y)$；對種種不同的 $b$, $(b_1, b_2, \cdots)$ 考慮導函數 $\frac{d}{dx}f(x, b)$，所以就發明**偏導微的記號**：

$$\frac{\partial}{\partial y}f(a, y)=\frac{d}{dy}f(a, y),\ \frac{\partial}{\partial x}f(x, b)=\frac{d}{dx}f(x, b)$$

實際上我們根本就是寫偏導函數

$$\frac{\partial}{\partial y}f(x, y):=\lim_{\Delta y\to 0}\left[\frac{f(x, y+\Delta y)-f(x, y)}{\Delta y}\right]$$

$$\frac{\partial}{\partial x}f(x, y):=\lim_{\Delta x\to 0}\left[\frac{f(x+\Delta x, y)-f(x, y)}{\Delta x}\right]$$

這兩個都是二元函數，至於（對固定的 $a$）$\frac{d}{dy}f(a, y)$，則是一元函數，不是很有用的。我們可以寫成

$$\frac{d}{dy}f(a, y) = \left.\frac{\partial f(x, y)}{\partial y}\right|_{x=a} \text{ 或 } \frac{\partial f(a, y)}{\partial y} \text{ 以及}$$

$$\frac{d}{dx}f(x, b) = \left.\frac{\partial f(x, y)}{\partial x}\right|_{y=b} = \frac{\partial f(x, b)}{\partial x} \text{。}$$

首當其衝的問題是：二元函數的圖解曲面 $S: z = f(x, y)$，與偏函數的圖解曲線有何關係?例如第一個偏函數 $f_1 = f(\bullet, b)$，其圖解為平面上的曲線 $\Gamma_1$，我們知道，這就是令 $x = a_1$，算出 $c_1 = f_1(a_1)$，令 $x = a_2$，算出 $c_2 = f_1(a_2)\cdots$ 再描出平面上的點 $(a_1, c_1), (a_2, c_2), \cdots$ 就得到 $\Gamma_1$。

但是

$$\begin{aligned} c_1 &= f_1(a_1) = f(a_1, b) \\ c_2 &= f_1(a_2) = f(a_2, b) \\ c_3 &= f_1(a_3) = f(a_3, b) \\ &\vdots \end{aligned}$$

而 $(a_1, b, c_1), (a_2, b, c_2), (a_3, b, c_3), \cdots$ 這些點都在曲面 $y = b$ 上，如果限制好 $y = b$，不看 $y$ 坐標，則這些點就是 $(a_1, c_1), (a_2, c_2)\cdots$，也就是在 $\Gamma_1$ 上了。

$y = b$ 的幾何意義是一個**平面**，跟 $xz$ 面平行。「$y$ 坐標為 $b$」的平面 $\pi_1$，這平面 $\pi_1$ 與曲面 $S$ 之交界為一條**曲線**，這曲線就是 $z = f_1(x), y = b$——這是平面 $\pi_1$ 上的曲線，和我們通常寫的曲線

$$\Gamma_1: y = f_1(x) \text{（平常都是 } xy \text{ 坐標面！）}$$

其實一樣，只是豎起來，放在平面 $\pi_1$ 上而已。

同樣地，考慮偏函數 $f_2(\bullet) = f(a, \bullet)$；它的圖解 $\Gamma_2$ 若豎起

來放在平面 $\pi_2 : x = a$ 上，就恰好是曲面 $S : z = f(x, y)$ 與 $\pi_2$ 之交界！

函數及偏函數的圖解，請見下圖：

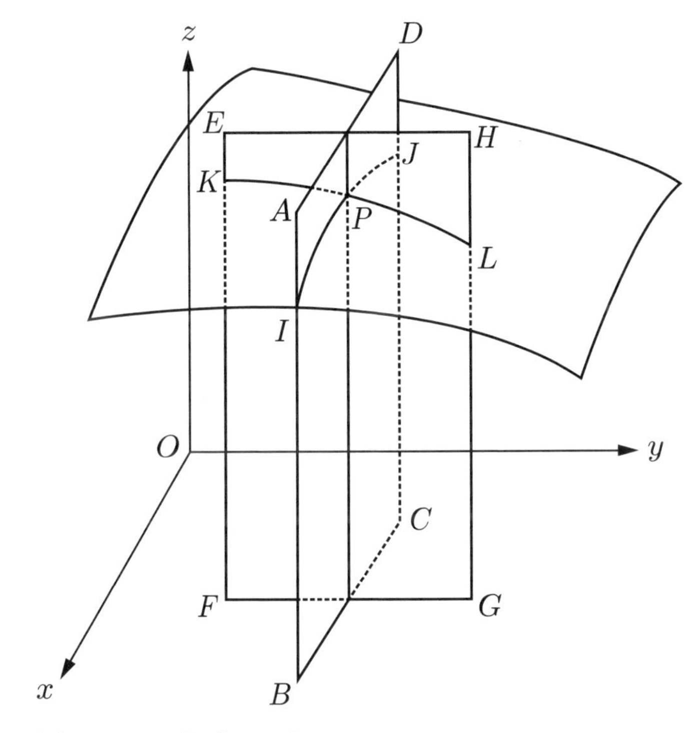


圖中 $ABCD$ 代表平面 $y = b$，

$EFGH$ 代表平面 $x = a$，

曲線 $\widehat{IPJ} = (\text{平面 } y = b) \cap (S : z = f(x, y))$

$= (z = f(x, b),\ y = b)$，

曲線 $\widehat{KPL} = (\text{平面 } x = a) \cap (S : z = f(x, y))$

$= (z = f(a, y),\ x = a)$，

$P = (a, b, f(a, b))$。

【定義域】其實在對一個函數做一切討論之前，本來是應該先考慮它的定義域。在單變數函數時，通常定義域都是一個區間

(各種型式的區間!)。兩變數函數呢，也許會複雜些，不一定是**矩形領域**。習慣上，當我們寫出一個函數式子時，就規定它的定義域是使此式有意義的全部範圍。

◆**例題 1** 試說明下列函數之定義域，並求所指示之函數值：

(1) $f(x, y)=x^2+y^2; f(1, 0), f(-2, 3)$

(2) $f(x, y)=\sqrt{1-x^2-y^2}; f(0, 0), f(\frac{1}{2}, \frac{1}{2})$

**解** (1)定義域為 $-\infty<x<\infty, -\infty<y<\infty$，即 $\mathbb{R}^2$

$f(1, 0)=1^2+0^2=1, f(-2, 3)=(-2)^2+3^2=13$

(2)定義域為 $x^2+y^2\leq 1$，亦即，$xy$ 平面上以原點為中心之單位圓上及圓內之點，即所謂閉的么圓盤

$f(0, 0)=\sqrt{1-0^2-0^2}=1$

$f(\frac{1}{2}, \frac{1}{2})=\sqrt{1-(\frac{1}{2})^2-(\frac{1}{2})^2}=\frac{1}{\sqrt{2}}$

**習　題** ——

1. 求定義域：

(1) $f(x, y)=x+\sqrt{y}$

(2) $f(x, y)=\sqrt{1-x^2}+\sqrt{y^2-1}$

(3) $f(x, y)=\dfrac{1}{\sqrt{x^2+y^2-1}}$

(4) $f(x, y)=\sqrt{(x^2+y^2-1)(4-x^2-y^2)}$

(5) $f(x, y)=\arccos(\dfrac{x}{x+y})$

2. 請說明如下三元函數的定義域，並計算它在一點 (1, −1, 1) 的函數值。

$$f(x, y, z)=\frac{x}{\sqrt{x^2+y^2+z^2}}$$

3. 求偏函數及偏圖解：

(1) $z=\dfrac{x^2-y^2-6x-4y+5}{x^2+y^2-6x+4y+13}$

① $x=1$

② $y=2$

(2) $z=-4x^2+y^2-3xy$

① $x=3$

② $y=-2$

## §3–5　偏與全的連續性

從單變數函數進步到兩變數函數，會遇到什麼樣新的困擾？首先，如果固定 $x$，計算偏函數 $f(x, \bullet)$ 之極限

$$\lim_{y\to b} f(x, y)=\gamma_1(x)$$

這可叫做**偏極限**。同理可計算另一個偏極限

$$\lim_{x\to a} f(x, y)=\gamma_2(y)$$

於是可以計算**兩重極限**（或**迭次極限** (iterated limit)）

$$\lim_{x\to a}\gamma_1(x)=\lim_{x\to a}\left(\lim_{y\to b} f(x, y)\right)$$

以及

$$\lim_{y\to b}\gamma_2(y)=\lim_{y\to b}\left(\lim_{x\to a} f(x, y)\right)$$

請注意：這個大括號，對於某些人（老手）是可有可無的！對某些人（新手）則是相當必要的！（安全保障。）

◆**例題 1** 若 $f(x, y) = \dfrac{xy}{x^2 + y^2}$，求 $x = 0$ 時以及 $y = 0$ 時之兩個偏函數。

另求迭次極限 $\lim\limits_{x \to 0} \lim\limits_{y \to 0} f(x, y)$。

**解** 定義域是「整個平面扣除原點」。

偏函數

$f(0, y) = \dfrac{0 \cdot y}{0 + y^2} = 0$，但限定 $y \neq 0$

$f(x, 0) = \dfrac{x \cdot 0}{x^2 + 0} = 0$，但限定 $x \neq 0$

（所以這個偏函數簡直可以叫做零函數，但是要切記這並非定義在整個實軸上！）

另外一方面說，若 $x \neq 0$，則

$$\lim_{y \to 0} f(x, y) = [\lim_{y \to 0}(y)] \cdot [\lim_{y \to 0} \frac{x}{x^2 + y^2}]$$

$$= 0 \cdot (\frac{1}{x}) = 0$$

（當然，若 $x = 0$，則 $\lim\limits_{y \to 0} f(x, y) = 0$）

於是迭次極限 $\lim\limits_{x \to 0} \lim\limits_{y \to 0} f(x, y) = 0$

同理 $\lim\limits_{y \to 0} \lim\limits_{x \to 0} f(x, y) = 0$

要討論兩變數函數時，有一個要點，這就是兩變數函數之極限這一個式子

$$\lim_{\substack{x \to a \\ y \to b}} f(x, y) = \gamma$$

讀做：「當 $x$ 趨近 $a$，$y$ 趨近 $b$ 時，$f(x, y)$ **趨近** $\gamma$，(以 $\gamma$ 為極限)」，意思就是：若 $\sqrt{(x-a)^2+(y-a)^2}$ (即 $(x, y)$ 與 $(a, b)$ 之距離) 夠小，則 $|f(x, y)-\gamma|$ 也可以小到隨我們高興的那樣小。

照這個定義，如果迭次極限

$$\lim_{x\to a}\lim_{y\to b} f(x, y)=\gamma_1$$

存在，那麼 $\gamma_1=\gamma$。同樣地，如果另一種迭次極限

$$\lim_{y\to b}\lim_{x\to a} f(x, y)=\gamma_2$$

也存在，則 $\gamma_2=\gamma$。一個小結論是：如果**兩種**迭次極限都存在，但是不相等，那麼這個二維極限就不可能存在了！

事實上，例題 1 的函數 $f$，雖然兩個迭次極限都存在而且相等 (都是零)，它的二維極限卻不存在！

為什麼呢？若極限存在，此地它是非零不可。那麼，只要點 $(x, y)$ 趨近原點，$f(x, y)$ 都必須趨近零。

我們馬上看出不對 ： 如果讓點 $(x, y)$ 限定在直線 $y=mx$ 上 (斜率 $m$ 固定)，然後讓動點趨近原點，則因為

$$f(x, y)=\frac{m}{1+m^2}\text{，}((x, y)\neq(0, 0)\text{ 且 }y=m\cdot x)$$

於是這樣函數值之極限為

$$\frac{m}{1+m^2}\ (\text{或 }\frac{\frac{1}{m}}{1+(\frac{1}{m})^2})$$

我們如果選不同的 $m$，大概都得不同的極限

$$\lim_{\substack{y=mx\\(x, y)\to 0}} f(x, y)=\frac{m}{1+m^2}$$

例如說，沿著直線 $\Lambda_1: y=x$ 而讓 $(x, y)$ 趨近原點，則

$$\lim_{\substack{y=x\\(x, y)\to 0}} f(x, y)=\frac{1}{2}$$

如果沿著直線 $\Lambda_{-1}: y=-x$，而讓 $(x, y)$ 趨近原點，則

$$\lim_{\substack{y=-x \\ (x, y)\to 0}} f(x, y)=-\frac{1}{2}$$

【注意】要證明「$\lim\limits_{(x, y)\to(a, b)} f(x, y)$ **不存在**」，最簡單的辦法就是：讓動點 $(x, y)$ 沿著兩條不同的直線（或曲線）來趨近點 $(a, b)$，而得到 $f(x, y)$ 之不相同的極限。事實上，「$\lim\limits_{(x, y)\to(a, b)} f(x, y)=\gamma$」，意思就是：要證明「只要 $\lim\limits_{n\to\infty} x_n=a$, $\lim\limits_{n\to\infty} y_n=b$, $f(x_n, y_n)$ 有定義，則 $\lim\limits_{n\to\infty} f(x_n, y_n)=\gamma$」

◆**例題 2**　設 $f(x, y)=\dfrac{x^2-y^2-6x-4y+5}{x^2+y^2-6x+4y+13}$，求 $\lim\limits_{\substack{x\to 3 \\ y\to -2}} f(x, y)=?$

**解**　事實上

$$f(x, y)=\frac{(x-3)^2-(y+2)^2}{(x-3)^2+(y+2)^2}$$

偏極限 $\lim\limits_{x\to 3} f(x, -2)=\lim \dfrac{(x-3)^2}{(x-3)^2}=1$

又 $\lim\limits_{y\to -2} f(3, y)=\dfrac{-(y+2)^2}{(y+2)^2}=-1\neq 1$

故極限不存在！

◆**例題 3**　求證 $\lim\limits_{(x, y)\to(0, 0)} \dfrac{x^3+y^3}{x^2+y^2}=0$。

**解**　實際上我們可以先想清楚：「兩變數函數的極限」，與「單一變數函數的極限」，其實有相同的運算規則：

$$\lim_{(x, y)\to(a, b)} f(x, y) ※ g(x, y)=\lim_{(x, y)\to(a, b)} f(x, y) ※ \lim_{(x, y)\to(a, b)} g(x, y)$$

若右邊存在，※為四則之一（當然在除法時，$\lim g(x, y) \neq 0$ 才行）。

這樣子就容易確認例題 3 了！事實上，只要證明

$$\lim_{(x, y)\to(0, 0)} \frac{x^3}{x^2+y^2} = 0 = \lim_{(x, y)\to(0, 0)} \frac{y^3}{x^2+y^2}$$

就好了。

而 $\left|\frac{x^3}{x^2+y^2}\right| = |x| \cdot \frac{x^2}{x^2+y^2} \leq |x|$

因此證明完畢。

**例題 4**　設 $f(x, y) = \frac{xy}{|x|+|y|}$。求 $\lim_{(x, y)\to(0, 0)} f(x, y) = ?$

**解**　我們不妨先猜猜答案，試試幾個 $(x, y)$

$$f(10^{-3}, 10^{-4}) = \frac{10^{-7}}{10^{-3}+10^{-4}} \approx 10^{-4}$$

$$f(-10^{-8}, 10^{-6}) = \frac{10^{-14}}{10^{-8}+10^{-6}} \approx 10^{-8}$$

$$\vdots$$

故猜 $\lim = 0$

事實上，$|f(x, y) - 0| = |f(x, y)| = \frac{|xy|}{|x|+|y|} \leq \frac{|x||y|}{|x| \text{ 與 } |y| \text{ 之較大者}}$

$= |x|$ 與 $|y|$ 之較小者，$\to 0$。

**例題 5**　$f(x, y) = \frac{x^2y+2x^2-2xy-4x+y+2}{x^2+y^2-2x+4y+5}$，求證 $\lim_{(x, y)\to(1, -2)} f(x, y) = 0$

**解**　實際上 $f(x, y) = \frac{(x-1)^2(y+2)}{(x-1)^2+(y+2)^2}$

分子 $=(x-1)(x-1)(y+2)$

但 $|(x-1)(y+2)| \le \dfrac{1}{2}[(x-1)^2+(y+2)^2]$

因此 $\lim|f(x, y)| \le \lim \dfrac{1}{2}|x-1|=0$

因而 $\lim f(x, y)=0$

**習　題** —— 試求下列之極限值。

1. $\lim\limits_{\substack{x\to 0\\ y\to 0}} \dfrac{xy}{\sin(xy)}=?$

2. $\lim\limits_{\substack{x\to \pi/2\\ y\to 1}} (\dfrac{\tan(x)}{\sec(x)}-\dfrac{\cos(xy)}{y^2})=?$

【連續性】設二變數函數 $f$ 之定義域含有點 $(a, b)$，如果極限

$\lim\limits_{(x, y)\to(a, b)} f(x, y)$ 存在，且等於 $f(a, b)$

我們就說 $f$ 在此點 $(a, b)$ 連續。若 $f$ 在定義域中到處連續，則 $f$ 為連續函數。關於連續性的持恆原則也同樣成立：

設 $f$ 與 $g$ 都是連續函數，※代表加減乘除四則，或者合成，則 $f$※$g$ 也是連續函數。(唯一的例外是除法時，不許除式為 0。)

◆**例題 6**　試討論下列函數之連續性：

1. $f(x, y)=\dfrac{1}{\sqrt{1-x^2-y^2}}$

2. $f(x, y)=\begin{cases} x\arctan(\dfrac{y}{x}), & (x\neq 0)\\ 0, & (x=0)\end{cases}$

**解**　1.因 $1-x^2-y^2$ 於 $-\infty<x<\infty$, $-\infty<y<\infty$ 為連續，故

$\sqrt{1-x^2-y^2}$ 於 $1-x^2-y^2 \geq 0$ 之範圍內亦連續。因此，$\dfrac{1}{\sqrt{1-x^2-y^2}}$ 於 $1-x^2-y^2>0$ 之範圍內為連續。

2. 函數 $\dfrac{y}{x}$ 於 $x \neq 0$ 之點為連續。故 $\arctan(\dfrac{y}{x})$ 與 $\arctan(\dfrac{y}{x})$ 二者於 $x \neq 0$ 之點為連續。

又因 $\lim\limits_{(x,\ y)\to(0,\ b)} f(x,\ y)=0=f(0,\ b)$，故 $f(x,\ y)$ 於 $x=0$ 之點亦連續。

我們可以把極限的運算規則敘述成運算的連續性：今加、減、乘是 $\mathbb{R}\times\mathbb{R}\to\mathbb{R}$ 之二元函數，除是 $\mathbb{R}\times(\mathbb{R}\backslash\{0\})\to\mathbb{R}$ 之二元函數，這四則運算都是連續的！

## §3–6　全可導微

在前面我們已經分辨過對於一個兩變數函數偏連續性與真正的連續性（**全連續性**）。現在我們也要分辨這樣的函數之「可偏導微性」與「真正的可導微性」（**全可導微性**）。

前面在討論單變數微分法時，對於**微分** (differential) 一詞是解釋為無限小的差分（之**主要部分**）：

由　$y=f(x)$

得　$\Delta y=f(x+\Delta x)-f(x)$

而在 $\Delta x=dx$ 為無窮小時，$\Delta y=f(x+dx)-f(x)$ 的**主要部分**就是

$$f'(x)dx=f'(x)\Delta x$$

亦即是 $\lim\limits_{\Delta x\to 0}\dfrac{f(x+\Delta x)-(f(x)+f'(x)\Delta x)}{\Delta x}=0$ 的意思。

如果考慮二變元函數 $z=f(x,\ y)$ 的偏函數，那麼：

(1)固定 $y$ 的時候，一元的（偏 $x$ 的）函數就有

$$f(x+\Delta x,\ y)-f(x,\ y)\approx\frac{\partial f}{\partial x}\Delta x$$

(2)固定 $x$ 的時候，一元的（偏 $y$ 的）函數就有

$$f(x,\ y+\Delta y)-f(x,\ y)\approx\frac{\partial f}{\partial y}\Delta y$$

所謂的**全可導微性**，就是指：

$$f(x+\Delta x,\ y+\Delta y)-f(x,\ y)\approx\frac{\partial f}{\partial x}\Delta x+\frac{\partial f}{\partial y}\Delta y$$

嚴格的定義，就是指：

$$\lim_{\substack{\Delta x\to 0\\ \Delta y\to 0}}\frac{f(x+\Delta x,\ y+\Delta y)-[f(x,\ y)+\frac{\partial f}{\partial x}\Delta x+\frac{\partial f}{\partial y}\Delta y]}{\sqrt{\overline{\Delta x}^2+\overline{\Delta y}^2}}=0$$

如果有了這樣的「真正的可導微性」，那麼就可以寫下二元函數 $z=f(x,\ y)$ 的全微分

$$dz=\frac{\partial z}{\partial x}dx+\frac{\partial z}{\partial y}dy$$

並且在近似計算時，可以有

$$f(x+\Delta x,\ y+\Delta y)\approx f(x,\ y)+\frac{\partial f}{\partial x}\Delta x+\frac{\partial f}{\partial y}\Delta y$$

◆**例題 1** 有一個圓柱形罐頭，底半徑為 5 公分，高為 10 公分。今若底半徑改成 4.9 公分，高改成 10.2 公分，問罐頭的體積改變多少？

**解** 設罐頭的底半徑為 $r$，高為 $h$，則體積為二變元函數

$$V(r,\ h)=\pi r^2h$$

我們要估計

$$\begin{aligned}\Delta V&=V(4.9,\ 10.2)-V(5,\ 10)\\&=V(5+(-0.1),\ 10+(0.2))-V(5,\ 10)\end{aligned}$$

這個不好算，改計算

$$\frac{\partial V(5,\ 10)}{\partial r}\Delta r+\frac{\partial V(5,\ 10)}{\partial h}\Delta h$$

今 $\Delta r=-0.1,\ \Delta h=0.2,\ \dfrac{\partial V}{\partial r}=2\pi rh,\ \dfrac{\partial V}{\partial h}=\pi r^2$，因此

$$\frac{\partial V(5,\ 10)}{\partial r}=2\pi\times 5\times 10=100\pi$$

$$\frac{\partial V(5,\ 10)}{\partial h}=\pi\times 5^2=25\pi$$

從而　$\Delta V\approx(100\pi)\times(-0.1)+(25\pi)\times 0.2$

$=-5\pi\approx-15.7$（立方公分）

負號表示體積減少了。

**習　題**

1. 設三角形之二邊為 $b, c$，其夾角為 $A$，則此三角形面積為 $S=\dfrac{1}{2}bc\sin A$。今若 $b, c, A$ 的誤差分別為 $\Delta b, \Delta c, \Delta A$，試問 $S$ 的誤差 $\Delta S$ 為何？
2. 求近似值：
   (1) $\sqrt{1.02^3+1.97^3}$
   (2) $0.97^{1.05}$

**可導微性的基本定理**

如果函數 $f(x, y)$ 在一個開矩形領域 $R$ 上到處連續，到處偏可導微，而且偏導函數 $\dfrac{\partial f}{\partial x}$ 與 $\dfrac{\partial f}{\partial y}$ 也是到處連續，那麼這函數就真的可導微（**全可導微**）。

上述這樣的函數記成 $f\in C^1(R)$。

**習　題** —— 試求下列函數 $u=f(x, y)$ 之偏導函數，並且辨認**全可導微性**。

1. $\sqrt{x^2+xy+y^2}$
2. $e^{\alpha x}\cos(\beta y)$
3. $e^x\cos^2(y)-e^y\sin^2(x)$

【補充：關於連鎖規則的註解】在上面習題中的第 1 題，最好的方式是利用連鎖規則：

令 $u=\sqrt{v},\ v=x^2+xy+y^2$

那麼 $\dfrac{\partial u}{\partial x}=\dfrac{\partial u}{\partial v}\cdot\dfrac{\partial v}{\partial x}=\dfrac{1}{2\sqrt{v}}\cdot(2x+y)=\dfrac{2x+y}{2\sqrt{x^2+xy+y^2}}$

**習　題** —— 求下列函數 $u=f(x, y)$ 之偏導函數，並且驗證全可導微性：

1. $u=e^{xy}$
2. $\arctan(\dfrac{x}{y})$

回想一下，單變函數微分學的要點有兩個看法：從**幾何觀點**來看，函數 $f(x)$ 在點 $a$ 可導微的意思是指在 $a$ 點很小的近旁內，可以用切線取代原曲線；從**代數觀點**來看，是指在 $a$ 點很小的近旁內，可以用一次函數 $g(x)=f(a)+f'(a)(x-a)$ 來迫近 $f(x)$。(切線即 $y=g(x)$)

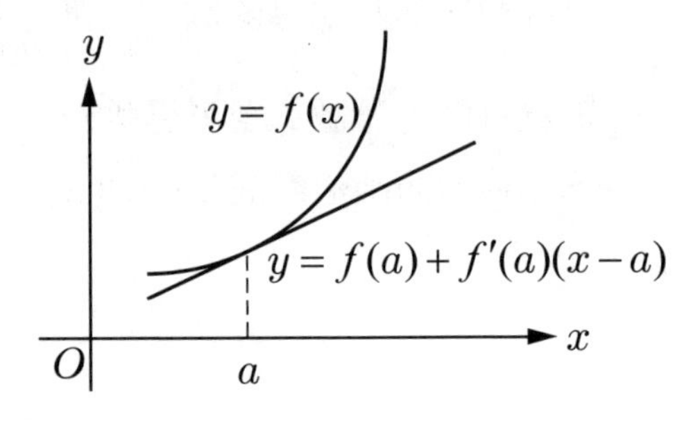

這兩個構想對多變函數的情形也成立！

代數的說法 ： $f(x, y)$ 在點 $(a, b)$ 可導微的意思是指在點 $(a, b)$ 的附近，可用 $x, y$ 的一次函數來取代 $f(x, y)$，亦即

$$f(x, y) \approx f(a, b) + (x-a)\frac{\partial f(a, b)}{\partial x} + (y-b)\frac{\partial f(x, y)}{\partial y} \qquad [1]$$

幾何的說法：本來的函數 $z = f(x, y)$ 是三維空間的一個曲面（可能很複雜而不易掌握），但是在點 $P = (a, b)$ 附近的小範圍內，我要用一個平面迫近它，這個平面就是**切平面** (tangent plane)。見下圖：

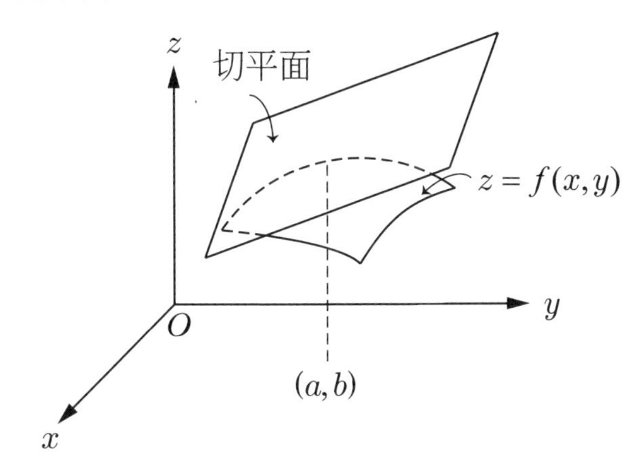


這個切平面就是

$$z = f(a, b) + (x-a)\frac{\partial f(a, b)}{\partial x} + (y-b)\frac{\partial f(a, b)}{\partial y} \qquad [2]$$

◈ **例題 2**　求 $S: z = 4x^2y$ 在「點」(1, 3) 處的切面。

**解**　$x = 1$, $y = 3$ 時，$z = 12$

所以「點」的意思是（立體空間的）點 (1, 3, 12)

因為 $\frac{\partial z}{\partial x} = 8xy$, $\frac{\partial z}{\partial y} = 4x^2$

於「點」(1, 3) 處，$\frac{\partial z}{\partial x}=24$, $\frac{\partial z}{\partial y}=4$。故切面為

$$z-12=24(x-1)+4(y-3)$$

可整理成 $24x+4y-z=24$

**習　題** —— 求切面與法線：

1. $z=\arctan(\frac{y}{x})$ 在 $x=1=y$ 處。
2. 求 $z=y+\ln(\frac{x}{z})$ 在 (1, 1, 1) 處之切面。

## §3–7 全可導微之應用

如下的甲、乙、丙是用到單變數函數之導微！

甲、我們學過單變數微分法的 Leibniz 乘法規則

若　$h(x)=f(x)\cdot g(x)$

則　$h'(x)=f'(x)\cdot g(x)+f(x)\cdot g'(x)$

用全可導微性來看，我們記

$$z=h(x)=u\cdot v,\ u=f(x),\ v=g(x)$$

那麼 $dz=(\frac{\partial z}{\partial u})du+(\frac{\partial z}{\partial v})dv$

$$=g(x)du+f(x)dv$$

$$=g(x)f'(x)dx+f(x)g'(x)dx$$

$$=[g(x)f'(x)+f(x)g'(x)]dx=h'(x)dx$$

整個要點在於第一個等式，其中 $\frac{\partial z}{\partial u}=v$ 是因為：$z=u\times v$，而 $\frac{\partial z}{\partial u}$ 這樣的偏微導就是把 $v$ 看成常數，$\frac{\partial z}{\partial u}=v$ 是當然的。

乙、像 $h(x)=x^x$ 要如何導微？

我們可以認為 $z=u^v$，而 $u=x$, $v=x$，那麼全微分的原理是指

$$\begin{aligned} dz &= \frac{\partial z}{\partial u}du + \frac{\partial z}{\partial v}dv \\ &= (v \times u^{v-1})du + u^v(\ln(u))dv \\ &= x^x dx + x^x(\ln(x))dx \\ &= x^x(1+\ln(x))dx \end{aligned}$$

故 $\frac{dz}{dx} = x^x(1+\ln(x))$。

丙、隱函數微導法

我們以橢圓 $x^2 + \frac{y^2}{4} = 1$ 做例子，介紹一下隱函數。

當然這個例子特別簡單，因為由 $y^2 = 4(1-x^2)$，得到 $y = \pm 2\sqrt{1-x^2}$。這就是說：由**方程式** $x^2 + \frac{y^2}{4} = 1$ 我們確定 $y$ 與 $x$ 的關係是「兩個函數之一」。

用解析幾何來看，這方程式的圖解曲線是條橢圓；而在 $-1 < x < 1$ 的範圍內，每一個 $x$ 對應到兩個 $y$，($x = \pm 1$ 是例外）所以 $x \mapsto y$ 的函數關係並不存在！不過我們顯然可以把圖解看成上下兩「半橢圓」之聯集：

$$y = +2\sqrt{1-x^2}$$

與

$$y = -2\sqrt{1-x^2}$$

這兩者分別是函數之圖解！

所以我們就把這個方程式說成是代表兩支**隱函數**。**解出** $y$，函數就**顯現出來**了。(還沒解出之前，函數只是隱隱約約地存在！)

一般地說，關係式 $F(x, y) = 0$ 之圖也許可以分成好多支「函數圖解」

$$y = \varphi_i\ (x),\ (i = 1,\ 2,\ \cdots)$$

的聯集，這幾個函數 $\varphi_i$ 分別叫做「隱函數 $F(x, y) = 0$ 的一支」。此時 $D\varphi_i$ 如何求？我們通常只要將 $F(x, y)=0$ 對 $x$ 導微就夠了！

【例 1】 令 $y=f(x)$ 為隱含於 $x^3-3axy+y^3=0$ 中的隱函數，
則 $x^3-3axf(x)+[f(x)]^3=0$。
對 $x$ 導微

$$3x^2-3axf'(x)-3af(x)+3[f(x)]^2f'(x)=0$$

因此

$$f'(x)=\frac{3af(x)-3x^2}{3[f(x)]^2-3ax}=\frac{3ay-3x^2}{3y^2-3ax}$$

【注意】比較簡潔的寫法是：將原來的方程式「取全微分」，得

$$(3x^2-3ay)dx+(3y^2-3ax)dy=0$$

因此 $\dfrac{dy}{dx}=-\dfrac{(3x^2-3ay)}{3y^2-3ax}=\dfrac{-(x^2-ay)}{(y^2-ax)}$。

**習 題** ——

1. 對下列各方程式，求 $\dfrac{dy}{dx}$。

(1) $\sqrt{x}+\sqrt{y}=\sqrt{a}$, $(a>0)$

(2) $x^{\frac{2}{3}}+y^{\frac{2}{3}}=a^{\frac{2}{3}}$, $(a>0)$

2. 試求下列各曲線已知點的切線斜率：

(1) $x^2+xy+2y^2=28$, $(2, 3)$

(2) $x^3-3xy^2+y^3=1$, $(2, -1)$

(3) $\sqrt{2x}+\sqrt{3y}=5$, $(2, 3)$

(4) $x^2-2\sqrt{xy}-y^2=52$, $(8, 2)$

【注意】我們可以把上面所用的辦法敘述成**隱函數定理**（之一）。

若 $\varphi(x, y)$ 是個 $C^1$ 型二變元函數，而且 $\left.\frac{\partial\varphi}{\partial y}\right|_{(a, b)} \neq 0$，

那麼，方程式

$$\varphi(x, y) = \varphi(a, b)$$

在 $x = a$ 的附近一定有一支隱函數，$y = f(x)$ 使得 $f(a) = b$

並且 $f'(x)$ 可以由方程式的**全微分**計算出來，

$$\frac{\partial\varphi}{\partial x}dx + \frac{\partial\varphi}{\partial y}dy = 0$$

因而 $f'(x) = \frac{dy}{dx} = \frac{-\frac{\partial\varphi}{\partial x}}{\frac{\partial\varphi}{\partial y}}$。

於是可以把上述定理類推（或推廣）成**隱函數定理**（之二）

若 $\varphi(x, y, z)$ 是個 $C^1$ 型三變元函數，而且 $\left.\frac{\partial\varphi}{\partial z}\right|_{(a, b, c)} \neq 0$

那麼，方程式

$$\varphi(x, y, z) = \varphi(a, b, c)$$

在 $xy$ 平面的點 $(a, b)$ 附近，一定有一支隱函數 $z = f(x, y)$ 使得 $f(a, b) = c$，並且

$$\begin{cases} \dfrac{\partial f}{\partial x} = \dfrac{-\frac{\partial\varphi}{\partial x}}{\frac{\partial\varphi}{\partial z}} \\ \dfrac{\partial f}{\partial y} = \dfrac{-\frac{\partial\varphi}{\partial y}}{\frac{\partial\varphi}{\partial z}} \end{cases}$$

【注意】不用背！因為只要將方程式取全微分就得到

$$\frac{\partial\varphi}{\partial z}dz=-(\frac{\partial\varphi}{\partial x}dx+\frac{\partial\varphi}{\partial y}dy)。$$

◆**例題 1** 函數 $z=f(x, y)$ 滿足了 $f(1, -2)=3$，而且有

$$4x^2+5y^2-6z^2+8yz-10zx-20xy+12x-14y+16z-20=0$$

求：在點 $(1, -2)$ 處 $f$ 的偏導數。

**解** 將方程式取全微分則得

$$(8x-10z-20y+12)dx+(10y+8z-20x-14)dy$$
$$+(-12z+8y-10x+16)dz=0$$

代以 $x=1, y=-2, z=3$，則成了 $30dx-30dy-46dz=0$

因此 $\frac{\partial f}{\partial x}=\frac{30}{46}, \frac{\partial f}{\partial y}=\frac{-30}{46}$

◆**例題 2** 求曲線 $\Gamma:\begin{cases}x^2+y^2+z^2-14=0\\x^2+2y^2-3z^2+18=0\end{cases}$ 在點 $(1, -2, 3)$ 處的切線。

**解** 將兩個方程式都取全微分，得

$$2xdx+2ydy+2zdz=0$$
$$2xdx+4ydy-6zdz=0$$

代以 $x=1, y=-2, z=3$，得

$$1dx-2dy+3dz=0$$
$$1dx-4dy-9dz=0$$

由聯立方程式可以得到比例

$$\frac{dx}{30}=\frac{dy}{12}=\frac{dz}{-2}$$

所以切點 $(1, -2, 3)$ 處的切線就是

$$\frac{x-1}{30}=\frac{y+2}{12}=\frac{z-3}{-2}$$

# 第 4 章　函數之導微（下）：平均變化率到極值

## §4–1　平均變化率定理

這一節將說明微分法裡面最重要的一個定理。

首先採用運動學的解釋。讓我們考慮一個具體的例子，研究車子的速率及所走的里程問題。假設有一部車子，在 $t=a$ 的時刻，里程表指著 $f(a)$ 公里；當車子開了一段時間後，在 $t=b$ 時刻，$(b>a)$，里程表指著 $f(b)$ 公里，則在時間區間 $[a..b]$ 內，車子的平均速率為

$$\frac{f(b)-f(a)}{b-a}\ (\text{距離} \div \text{時間})$$

在以前已說過，距離函數 $f(t)$ 的導微 $f'(t)$ 表示車子在 $t$ 時刻的（瞬間）速度。直觀看來，在 $[a..b]$ 之間車子時快時慢，但必定有某一時刻 $\xi$ 的速度 $f'(\xi)$ 等於上述平均速率，即

$$f'(\xi)=\frac{f(b)-f(a)}{b-a} \qquad [1]$$

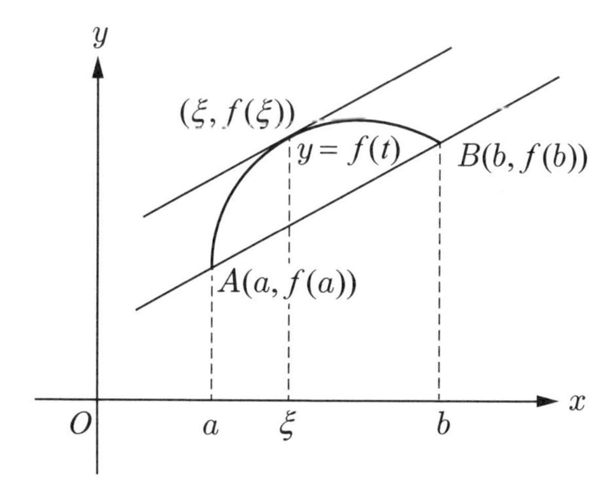

其次，採取坐標幾何的解釋。我們畫出曲線 $\Gamma: y = f(x)$，如上圖。而考慮其上兩點 $A = (a, f(a)), B = (b, f(b))$，（可設 $a < b$。）那麼 [1] 式的意思就是說，在曲線 $\Gamma$ 的這一段，一定找得到一點 $(\xi, f(\xi))$，使得在那一點的切線斜率 $f'(\xi)$ 等於割線 $AB$ 的斜率。

再舉個例子，假如你去爬山，有時昇高，有時下降，見下圖。

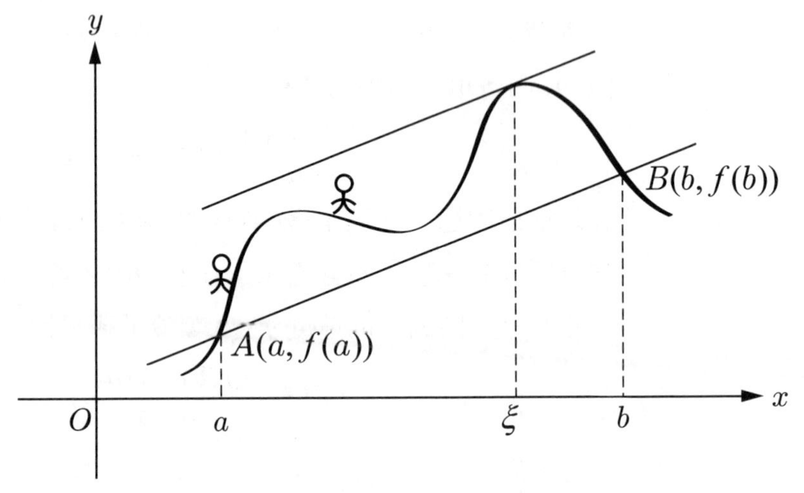


從 $A$ 點走到 $B$ 點，平均坡度就是 $AB$ 的斜率，那麼一定有某一個地方的坡度等於平均坡度，用式子寫出來就是 [1] 式。

我們用數學的語句，明確地敘述成：

**平均變率定理（微分的平均變率定理）**

設 $f$ 在 $[a..b]$ 上連續，而且在 $(a..b)$ 上可導微，則至少存在一點 $\xi \in (a..b)$ 使得

$$f'(\xi) = \frac{f(b) - f(a)}{b - a}$$

或寫成 $f(b) - f(a) = f'(\xi)(b - a)$

或 $\quad f(b) = f(a) + f'(\xi)(b - a)$

【備註】 這裡有個無關緊要的小註。由於 $\xi \in (a..b)$，只要令 $\theta = \dfrac{\xi - a}{b - a}$，則 $0 < \theta < 1$，並且 $\xi = a + \theta(b - a)$。因此平均變率定理的公式常寫成：

$$\text{存在 } 0 < \theta < 1 \text{ 使得}$$
$$f(b) - f(a) = f'(a + \theta(b - a))(b - a)$$

在平均變率定理中，倘若 $f(a) = f(b)$，那麼就叫做 Rolle（洛耳）**定理**，這是平均變率定理的特殊情形。

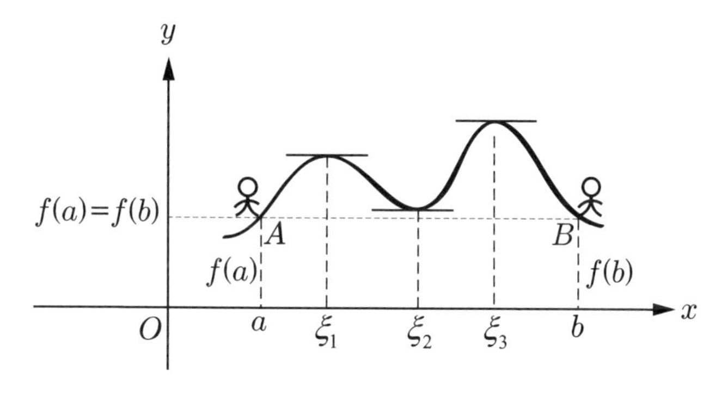


**Rolle 定理**

> 設 $f$ 在 $[a..b]$ 上連續，在 $(a..b)$ 上可導微，並且 $f(a) = f(b)$，那麼至少存在一點 $\xi \in (a..b)$ 使得
> $$f'(\xi) - \frac{f(b) - f(a)}{b - a} = 0 \text{（見上圖）}$$

你必須懂得解析幾何的解釋！如果割線斜率為 0，則曲線在其間一定有某條切線的斜率為 0。你爬山，從 $A$ 點走到 $B$ 點，如果 $A$、$B$ 兩點一樣高，這表示平均起來你並沒有昇降（當然中間過程有昇降)，那麼天經地義地中間必有某一個地方是水平的，即坡度為 0。

我們用下面的例子來說明 Rolle 定理。

【例 1】 設 $f(x)=x^4-2x^2+1$。顯然 $f(-2)=f(2)$（偶函數也），並且 $f$ 為可導，故存在 $\xi\in(-2..2)$ 使得 $f'(\xi)=0$，今因 $f'(x)=4x^3-4x$，令 $4\xi^3-4\xi=0$ 解得 $\xi=0$ 或 $\xi=\pm1$ 。這些點都落在 $(-2..2)$ 之中 。本例是很容易求得 $\xi$ 的情形 ，當然也有不易求得 $\xi$ 的例子。

**習 題** —— 假設臺北到高雄相距 300 公里，火車從臺北開到高雄共用去 6 小時，故平均速率為 50 公里／時，則你是否可以肯定火車曾在某一時刻的瞬間速率為 50 公里／時？

【例 2】 若 $f$ 在某區間上，恆有 $f'(x)>0$，則 $f$ 在此區間上嚴格遞增，即若 $x_1<x_2$，則 $f(x_1)<f(x_2)$。同理，若 $f'(x)<0$，則 $f$ 為嚴格遞減，即若 $x_1<x_2$，則 $f(x_1)>f(x_2)$。

**證 明** ——

對區間 $[x_1..x_2]$ 使用平均變率定理

$$f(x_2)-f(x_1)=f'(\xi)(x_2-x_1),\ x_1<\xi<x_2$$

由 $f'(\xi)>0$ 及 $x_2-x_1>0$ 得 $f(x_2)-f(x_1)>0$

即 $f(x_1)<f(x_2)$

對於 $f'(x)<0$ 的情形，同理可證

【重要推論】若函數 $f$ 在某區間上連續，而且在這區間中，除了有限幾個**例外的點** $a_1, a_2, \cdots, a_k$ 之外，它都是可以導微的，且導數都大於 0，則函數 $f$ 在這區間上是狹義遞增的。

◆**例題 1** 設 $f(x)=3x^4-8x^3-6x^2+24x-10$，求 $f$ 遞增及遞減的區間。

**解**　$f'(x) = 12x^3 - 24x^2 - 12x + 24$

$= 12(x+1)(x-1)(x-2)$

$\therefore$ 當 $x < -1$ 時，$f'(x) < 0$

當 $-1 < x < 1$ 時，$f'(x) > 0$

當 $1 < x < 2$ 時，$f'(x) < 0$

當 $x > 2$ 時，$f'(x) > 0$

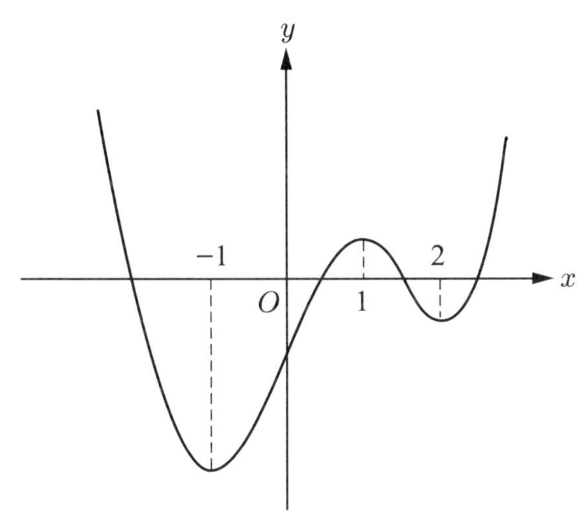


因此 $f$ 在 $(-\infty..-1]$ 上遞減，在 $[-1..1]$ 上遞增，在 $[1..2]$ 上遞減，在 $[2..\infty)$ 上遞增。其圖形如上圖。

**習　題**

1. 下列函數，在指定的區間上，是否可以使用平均變率定理？若不可以的話，請說出理由。若可以的話，試求滿足 $f(b) - f(a) = f'(\xi)(b-a)$ 之 $\xi$。

(1) $f(x) = x^2 + 3x + 2,\ [-1..0]$

(2) $f(x) = \sqrt{x},\ [0..1]$

(3) $f(x) = \dfrac{x}{x-1},\ [0..2]$

(4) $f(x) = x + \sqrt[3]{x},\ [-1..1]$

(5) $f(x) = \sin x,\ [0..\pi]$

2.試求下列各函數的遞增及遞減區間：

(1) $f(x)=\frac{2}{3}x^3-7x^2+24x-2$

(2) $g(x)=x^4-8x^3+4$

(3) $h(x)=4x^5+25x^4-11$

【進階附錄：Rolle 定理之證明】

甲、因為我們假設函數 $f$ 在閉區間 $[a..b]$ 上連續，因此，$f$ 在此區間上，**必有一個最大點 $\beta$，也有一個最小點** $\alpha$[註1]。

乙、若最大點 $\beta$ 就是最小點 $\alpha$，則實在無聊：函數 $f$ 根本就是常數！也就是 $f'(x)$ 恆為零！

丙、若 $\alpha\neq\beta$，則兩點之中，**必定有一個不是**端點 $a$ 或 $b$。這是因為我們假設了 $f(a)=f(b)$。$a$ 或 $b$ 只要有一點是極大點，另一點也必是極大點；只要有一點是極小點，另一點也必是極小點！

丁、於是取 $\xi$ 為**不是端點**的那個極大點 $\beta$ 或極小點 $\alpha$ 就好了！再利用下節的 Fermat 定理，即證明完畢。

## §4–2 微分法用於極值問題

假設 $a<\xi<b$，函數 $f$ 在 $(a..b)$ 的區間上連續，而且在點 $\xi$ 處可以導微。我們考慮 $f'(\xi)$ 的正負號：

(1) $f'(\xi)>0$ [1]

因為

$$f'(\xi)=\lim_{x\to\xi}\frac{f(x)-f(\xi)}{x-\xi}>0$$

註 1　最大＝極大，最小＝極小。差不多一樣通用。不過，「極值點」不可以用「最值點」！

那麼，當 $x$ 很接近 $\xi$ 的時候，$f(x)-f(\xi)$ 的正負號與 $x-\xi$ 的正負號相同，也就是說

$$若\ x \gtrless \xi，則\ f(x) \gtrless f(\xi) \quad [2]$$

(2) $f'(\xi)<0$ [3]

這時候，當 $x$ 很接近 $\xi$ 時：

$$若\ x \gtrless \xi，則\ f(x) \lessgtr f(\xi) \quad [4]$$

結論是

**Fermat（費馬）定理**

若 $f$ 可導微，$x_0$ 為極值點但不為端點，則 $f'(x_0)=0$。因此「點 $x_0$ 是極值點」的必要條件（但不充分！），就是 $f'(x_0)=0$。

我們稱滿足 $f'=0$ 的點為**臨界點** (critical point)。另外一種名稱是**靜止點** (stationary point)。理由是：

若 $f'(x)>0$，此點 $x$ 也許可稱為**遞增點**；

若 $f'(x)<0$，此點 $x$ 也許就稱為**遞減點**。

總之，Fermat 定理可以說成如下的處方：面對一個極值問題時，極值點的候選「人」只有如下三種類型：端點，靜止點及導數不存在的點（這通常稱為**奇異點**）。

◆ **例題 1**　求函數 $f(x)=\frac{1}{10}(x^6-3x^2)$ 在 $[-2..2]$ 上的最大值與最小值。

**解**　因 $f'(x)=\frac{6}{10}x(x^4-1)$，解 $f'(x)=0$，得 $x=0, 1, -1$。計算 $f$ 在這些點及端點上的值：

| $x$ | $-2$ | $-1$ | $0$ | $1$ | $2$ |
|---|---|---|---|---|---|
| $f(x)$ | 5.2 | $-0.2$ | 0 | $-0.2$ | 5.2 |

因此最大值為 5.2，發生在端點 $x=-2$ 及 $x=2$ 上；而最小值為 $-0.2$，發生在 $x=-1$ 及 $x=1$ 兩點上

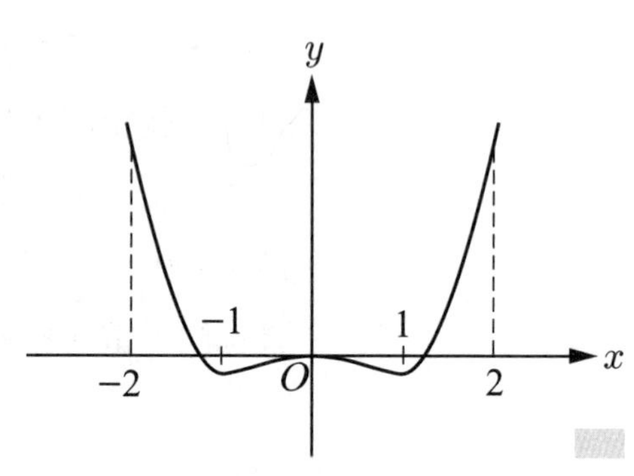


◆ **例題 2** 求連續函數 $f(x)=23-4|x-7|$ 在閉區間 [1..10] 上的極值點。

**解** 若 $x\neq 7$，則 $f'(x)=-4\cdot\text{sign}(x-7)$

因此不存在 $f'(x)=0$ 的臨界點！

端點為 1, 10，其函數值為 $f(1)=-1, f(10)=11$

奇異點只有 $x=7$ 一點，事實上 $f(7)=23$

答：極大點為 7，極小點為 1。極大值 $f(7)=23$，極小值 $f(1)=-1$

**習　題** —— 求下列函數的最大值與最小值：

1. $3x-x^3,\ 0\leq x\leq 2$
2. $(x-3)^{\frac{2}{3}},\ 0\leq x\leq 3$
3. $x^2+2,\ -2\leq x\leq 1$
4. $\sqrt[3]{x-3},\ 2\leq x\leq 4$
5. $3x^3-6x+12,\ -1\leq x\leq 2$
6. $x^3+x^2-x,\ -2\leq x\leq 1$
7. $\sqrt{x^2-4x+4},\ 0\leq x\leq 3$
8. $(x^2+4x+3)^5,\ -4\leq x\leq 1$
9. $\sin x+\cos x,\ 0\leq x\leq 2\pi$

◆**例題 3**　巴爾幹半島上的某個運輸公司買了一艘汽船來運貨，由甲地逆流而上到乙地，距離為 $\ell = 12$（公里）。河水的速度為 $v_1 = 16$（公里 / 小時）。經理由船機手冊知道：在逆流低速運航的情況下，這艘船的每小時耗油量，與船相對於河水的船速 $v$ 之立方成正比。如果要讓這段航務的油費最節省，那麼經理所決定的船速 $v$ 應該是多少？

**解**　因為是逆流，所以地理上的航速其實是 $(v - v_1)$

因此，這段航程所需的時間是 $(\frac{\ell}{v - v_1})$。則總共的油費將是

$$f(v) = (kv^3) \times (\frac{\ell}{v - v_1}) \quad \text{（這裡 } k \text{ 是比例常數）}$$

由 $f'(v) = \dfrac{v^2 k\ell[3(v - v_1) - v]}{(v - v_1)^2}$

令 $f'(v) = 0$ 得 $v = \frac{3}{2}v_1 = 24$（公里 / 小時）

◆**例題 4**　壁上掛了一圖，上下長度 $\ell$；其下端在觀者眼睛之上 $h$ 處，試問：觀者應在圖前什麼地方，可使圖之（上下）視角最大？

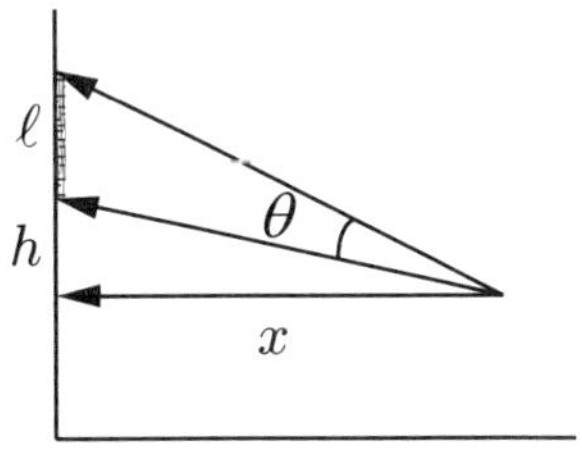

**解**　此即求 max $\theta$：

$$\theta = \arctan(\frac{\ell + h}{x}) - \arctan(\frac{h}{x})$$

或即求 max $\tan\theta$

$$\tan\theta = [(\frac{\ell + h}{x}) - (\frac{h}{x})] \div [1 + \frac{\ell + h}{x} \cdot \frac{h}{x}]$$

得　$$\frac{d}{dx}\tan\theta = \frac{d}{dx}(\frac{\ell x}{x^2 + (\ell + h)h}) = 0$$

$$\ell[x^2 + (\ell + h)h] - 2\ell x^2 = 0$$

$$x = \sqrt{(\ell + h)h}$$

**習 題** —— 求拋物線 $y=x^2$ 上的點，使其至點 $(0, 3)$ 的距離最短。若點改為 $(0, \frac{1}{2})$ 呢？$(0, -3)$ 呢？$(0, b)$ 呢？

◆**例題 5** 設 $P$ 為單位半圓形上在第一象限上的某一點，今過 $P$ 點平行 $x$ 軸與 $y$ 軸切去右、上邊緣部分。問當殘餘部分之面積最大時，$P$ 點應取於何處？

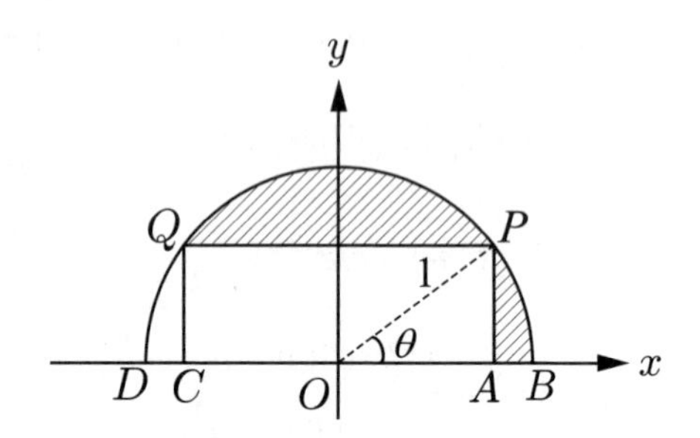


**解** 做題目時，選取適當變數是很重要的考量。如果我們採用直角坐標，這個問題的麻煩在於用直角坐標來算扇形面積不方便。

如圖，設 $P=(x, y)$, $0<x<1$ 而 $y=\sqrt{1-x^2}$

所說的殘餘部分是矩形 $APQC$ 再加上◿$QCD$ 這一塊，當然後者的面積就是◺$PAB$ 的面積。

今矩形 $APQC$ 的面積是 $2xy=2x\sqrt{1-x^2}$

我們如果取 $x=\cos\theta$, $(0<\theta<90°)$ 則扇形 $BOP$ 的面積是 $\frac{1}{2}\theta$，

而 $\triangle OAP$ 的面積是 $\frac{xy}{2}=\frac{1}{2}x\sqrt{1-x^2}$。於是，總的殘餘面積為

$$\text{OC}=2x\sqrt{1-x^2}+\frac{1}{2}\theta-\frac{1}{2}x\sqrt{1-x^2}$$

$$=\frac{3}{2}x\sqrt{1-x^2}+\frac{1}{2}\arccos(x)$$

要點是 $\frac{d}{dx}\arccos(x)=\frac{-1}{\sqrt{1-x^2}}$

於是 $\dfrac{d}{dx}\text{OC} = \dfrac{3}{2}\sqrt{1-x^2} - \dfrac{3x}{2}\cdot\dfrac{x}{\sqrt{1-x^2}} - \dfrac{1}{2}\dfrac{1}{\sqrt{1-x^2}}$

$$= \frac{1}{2\sqrt{1-x^2}}[3(1-x^2) - 3x^2 - 1]$$

解 $\dfrac{d}{dx}\text{OC} = 0$ 得 $2 - 6x^2 = 0,\ x = \dfrac{1}{\sqrt{3}} \approx 0.5774$

【另解】如果從頭就對 $P$ 點採用極坐標，也就是說用 $\theta = \angle BOP$ 作為主變數，討論起來就更方便了。則上圖矩形 $APQC$ 面積為 $2\cos\theta\sin\theta\ (=\sin 2\theta)$。由對稱性知◿的面積等於◺的面積，但是◺的面積

$=$（扇形 $OPB$ 的面積）$-\triangle OPA$ 的面積

$$= \frac{1}{2}\theta - \frac{1}{2}\cos\theta\sin\theta$$

$$= \frac{1}{2}\theta - \frac{1}{4}\sin 2\theta$$

因此上圖空白區域的面積為

$$\text{OC} = f(\theta) = \sin 2\theta + \frac{1}{2}\theta - \frac{1}{4}\sin 2\theta$$

$$= \frac{3}{4}\sin 2\theta + \frac{1}{2}\theta,\ 0 < \theta < \frac{\pi}{2}$$

令 $f'(\theta) = \dfrac{1}{2} + \dfrac{3}{2}\cos 2\theta = 0$，解得 $\cos 2\theta = -\dfrac{1}{3}$。

查表得 $2\theta \approx 109.47°$，則 $\theta \approx 54.74°$。當然也算出

$$x = \cos\theta = \sqrt{\frac{1+\cos(2\theta)}{2}} = \frac{1}{\sqrt{3}} \approx \frac{1.732}{3} = 0.5774$$。

【關於極值問題的一些補註】

1. 實用的問題通常是求 max $(f(x) : a \le x \le b)$，或者 min $(f(x) : a \le x \le b)$，我們的處方是求出所有可能的極值點，即邊界點，奇異點（$f'(x)$ 不存在處）及臨界點，然後**直接計值比較**。

2. 某些考試題目，是以「局部極值點」(參見 p.161) 來解釋「極值點」。應考者必須弄清楚命題者的原意。

後面我們會提一下局部極值點 (充分性) 的高階判定法。(雖然我們認為它並不太有用！)

3. 偶而我們也會遇到無限區間上的極值問題。在無限區間的函數不見得有最大值、最小值。

例如：求 $\dfrac{a\sqrt{x^2+a^2}}{x+a+\sqrt{x^2+a^2}}$ 之極值。$(a>0)$

$x\to+\infty$，則 $y\to\dfrac{a}{2}$

$x\to-\infty$，則 $\dfrac{y}{x}\to-1$

$$y'=\frac{a^2(x-a)}{\sqrt{x^2+a^2}(x+a+\sqrt{x^2+a^2})^2}$$

$y'=0,\ x=a$ (注意：$y'$ 在其左右為負，正)

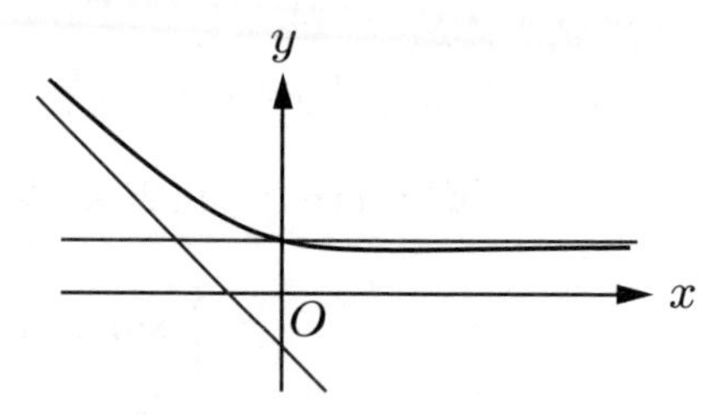


故 $x=a$ 時為極小，值為 $y=(\sqrt{2}-1)a$

注意到此地 $x\to+\infty$ 及 $x\to-\infty$ 時函數值有極限

4. 【反例】令 $f(x)=x^3$，則 $f'(0)=0$，但 $f$ 在點 $x=0$ 既不是極大點，也不是極小點，作圖立知。因此通常說 $f'(\xi)=0$ 只是 $\xi$ 為局部極值點的必要條件，而非充分條件。

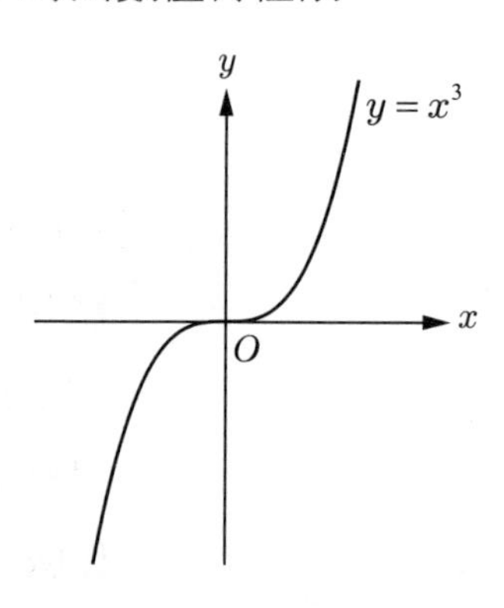

## §4–3　L′Hospital 規則

我們常碰到要求（商的）極限 $\lim_{t\to a}\frac{f(t)}{g(t)}$。例如像 $\lim_{t\to 1}\frac{t^2+1}{t+2}$ 及 $\lim_{t\to 0}\frac{\log(t+1)}{t}$。前者的極限很清楚：

$$\lim_{t\to 1}\frac{t^2+1}{t+2}=\frac{\lim_{t\to 1}(t^2+1)}{\lim_{t\to 1}(t+2)}=\frac{2}{3}$$

但後者卻不能利用「商的極限等於極限的商」這條規則，因為

$$\lim_{t\to 0} t=0=\lim_{t\to 0}\log(t+1)$$

這種情形叫做「$\frac{0}{0}$」的「不定形」。還有一種「不定形」是「$\frac{\infty}{\infty}$」，這是當 $\lim_{t\to a} f(t)=\pm\infty=\lim_{t\to a} g(t)$ 時的情形。

【L′Hospital（羅必達）規則】要算商的極限，若是「不定形」，那麼算個別導微的商之極限就好了。(後者往往比較容易算！) 換句話說：

設 $f$ 及 $g$ 在點 $c$ 的附近可以導微。再設 $g'(c)\neq 0$，且 $\lim_{t\to c} f(t)=\lim_{t\to c} g(t)=0$，或 $\lim_{t\to c} f(t)=\lim_{t\to c} g(t)=\pm\infty$，此時，

$$\text{若}\ \lim_{t\to c}\frac{f'(t)}{g'(t)}=k\text{，則}\ \lim_{t\to c}\frac{f(t)}{g(t)}=k$$

$$\text{即}\ \lim_{t\to c}\frac{f(t)}{g(t)}=\lim_{t\to c}\frac{f'(t)}{g'(t)}$$

【嚴重警告】這個等式**並非**「左右相等」！事實上它是說：若右側存在，則左側也就存在，而且等於右側。

【例 1】　$\lim_{x\to 0}\frac{\sin x}{x}=\lim_{x\to 0}\frac{D\sin x}{Dx}=\lim_{x\to 0}\frac{\cos x}{1}=1$

有時 L′Hospital 規則必須重複使用好幾次：

【例 2】 $\lim_{x\to 0}\frac{x-\sin x}{x^3}=\lim_{x\to 0}\frac{1-\cos x}{3x^2}$ (還是不定形)

$=\lim_{x\to 0}\frac{\sin x}{6x}$ (還是不定形)

$=\lim_{x\to 0}\frac{\cos x}{6}=\frac{1}{6}$

【其它的不定形】

假設 $\lim_{t\to c}f(t)=0,\ \lim_{t\to c}g(t)=0,\ \lim_{t\to c}h(t)=\pm\infty$

甲、「求 $\lim_{t\to c}[f(t)\times h(t)]$」，叫做 $0\times\infty$ 的不定形。

對抗之道：化為 $\lim_{t\to c}\frac{f(t)}{\frac{1}{h(t)}}$ 或 $\lim_{t\to c}\frac{h(t)}{\frac{1}{f(t)}}$

乙、「求 $\lim f(t)^{g(t)}$」，叫做 $0^0$ 的不定形。

解法：若 $\gamma=\lim[g(t)\times\ln f(t)]$，則答案為 $e^{\gamma}$。

丙、「求 $\lim h(t)^{g(t)}$」，叫做 $\infty^0$ 的不定形。

解法如乙。

**習　題** ——— 求下列各式的極限：

1. $\lim_{x\to 0}\frac{\cos x-1}{x}$
2. $\lim_{x\to 0}\frac{3x-1}{4x}$
3. $\lim_{x\to 0}\frac{\cos(\frac{\pi}{2}+x)}{x}$
4. $\lim_{x\to 0}\frac{\sin x-x\cos x}{x^2\sin x}$
5. 求 $\lim_{x\downarrow 0}x^x$

## §4–4　高階導函數

我們寫 $f\in C^0(I)$ 表示 $f$ 是區間 $I$ 上面的連續函數 。 如果它可微，用 $f'$ 表示這個導來函數。如果這個導來函數本身是連續的，就寫成 $C^1(I)$；如果 $f'$ 本身是可導微的，用 $f''=(f')'$ 表示 $f'$ 的導來函數，這是 $f$ 的二階導來函數。這樣子你當然知道：什麼是 $k$ 階可微函數，什麼是 $C^k$ 型函數。

特別地，若 $f$ 的各階導來函數都可以導微，那麼我們就說它是平滑的 (smooth) 函數，而且記成 $f\in C^\infty$。

【二階導函數 $f''$ 有何用途？】我們知道一階導函數 $f'$ 最簡單的一個用途就是遞增與遞減性的判定。

一方面，$f'(x)$ 是曲線 $\Gamma: y=f(x)$（在橫坐標為 $x$ 處）的**切線斜率**。那麼，$f'(x)$ 的遞增性，是如下圖的樣子，在 $\Gamma$ 上的各點畫切線，切線的斜率將（由左而右）遞增。

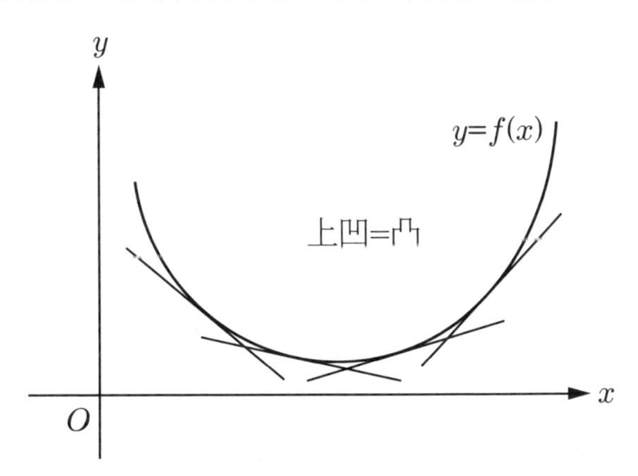


曲線 $\Gamma$ 本身都在切線的上方！這樣的性質，函數 $f$ 叫做凸 (convex) 函數。這是由 $f''(x)>0$ 所保證的。

如果變個正負號，那麼，由 $f''(x)<0$，就保證函數 $f$ 是凹 (concave) 函數，如下圖：

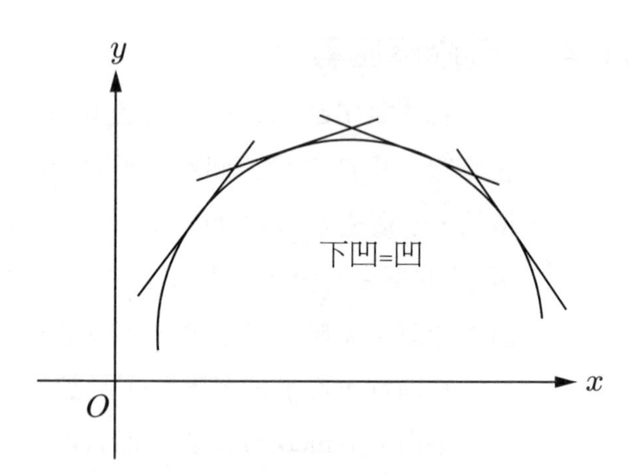


【註解】 你在國中已經遇到凸與凹了。因為，二次函數 $f(x)=ax^2+bx+c$ 的凸或凹是由 $a>0$ 或 $a<0$ 決定的。當時，（老師或）書本就稱呼為（曲線）開口向上或開口向下。現在不能這樣稱呼！因為，函數的凸性或凹性，是「必須限定在一個區間內」來討論的。

【補註】關於「凹」與「凸」的字眼，也許你**不喜歡**，因為恰好和你猜想的凹凸顛倒了！可是這卻「無可更改」！在一區間上，函數 $f$ 的**凸性**是指：對於區間內的兩點 $x_1 \neq x_2$，以及 $0<r<1$，

$$f((1-r)x_1+rx_2) \leq (1-r)f(x_1)+rf(x_2)$$

兩點 $x_1, x_2$ 的**加權平均點之函數值**小於或等於此兩點的**函數值所對應的加權平均**。在物理科學以及經濟科學中，函數的凸性（或凹性）是太重要太顯著了，現在使用的字眼是普遍適用於任何科學中，當然沒有翻轉的可能。

◆**例題 1**　討論函數圖形 $y=x^3-x+2$ 之遞增、遞降及凹凸性。

**解**　$\because y' = 3x^2 - 1,\ y'' = 6x$

$\therefore$ 當 $x < -\dfrac{1}{\sqrt{3}}$ 時，$y' > 0$，函數遞增

當 $-\dfrac{1}{\sqrt{3}} < x < \dfrac{1}{\sqrt{3}}$ 時，$y' < 0$，函數遞降

當 $x > \dfrac{1}{\sqrt{3}}$ 時，$y' > 0$，函數遞增

當 $x > 0$ 時，$y'' > 0$，函數為凸

當 $x < 0$ 時，$y'' < 0$，函數為凹

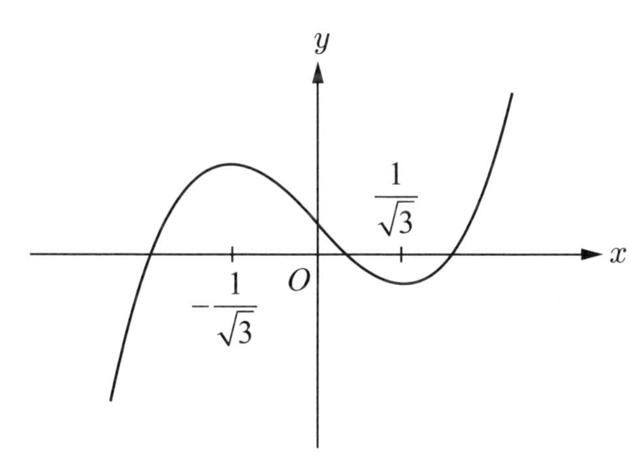


函數的凹性區間是 $(-\infty..0]$，左半曲線；凸性區間是 $[0..+\infty)$，右半曲線。而凹凸轉換處，即 $(0, 2)$，是曲線的**反曲點**。

◆ **例 2**　討論函數 $y = x^3 - 3x^2 + 6$ 之凹凸性，並求反曲點。

**解**　$\because y' = 3(x^2 - 2x)$，且 $y'' = 6(x - 1)$

$\therefore$ 當 $x < 1$ 時，$y'' < 0$；當 $x = 1$ 時，$y'' = 0$；當 $x > 1$ 時，$y'' > 0$

因此函數在 $(-\infty..1)$ 上是凹，在 $(1..\infty)$ 上是凸，而 1 為反曲點。

作圖如下：

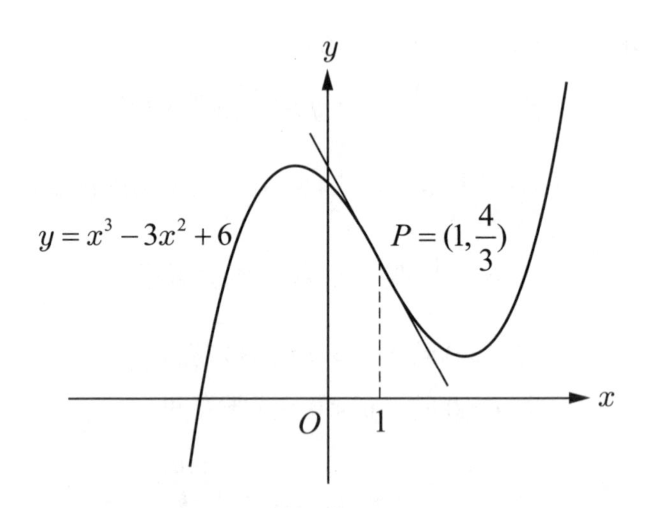


## §4–5 二階導函數與函數作圖

如果算出 $f'(x)$ 與 $f''(x)$，當然大大有利於平面曲線 $y=f(x)$ 的作圖。通常我們將逐次考察以下各項目：

甲、函數的基本性質：

(1)定義範圍，函數值範圍，連續範圍。

(2)函數的奇偶性，也就是函數圖形對於原點或 $y$ 軸的對稱性。

(3)函數的週期性。

乙、用一階及二階導數來研究函數的性質：

(1)求出 $f'=0$ 的根及 $f'$ 不存在的點，以這些點為分點，將函數的定義域分成小段，在每一小段中由 $f'$ 的正負數來決定函數的遞增或遞降。

(2)對 $f'=0$ 的點，以 $f''$ 的正負號來確定 $f$ 的極大或極小的所在。

(3)用 $f''$ 的正負號來確定函數圖形的凹凸性及反曲點。

丙、描點作圖：

作出函數圖形上少數特殊幾點，再根據上述的甲、乙兩項的討論，把函數圖形作出。

◆**例題 1**　試描繪 $f(x)=\frac{1}{4}(x^3-\frac{3}{2}x^2-6x+2)$ 的圖形。

**解**　$f'(x)=\frac{1}{4}(3x^2-3x-6)=\frac{3}{4}(x+1)(x-2)$

$f''(x)=\frac{1}{4}(6x-3)=\frac{3}{4}(2x-1)$

$\therefore f'(-1)=0=f'(2)$

因為 $f''(-1)<0$，故

$$f(-1)=\frac{1}{4}[(-1)^3-\frac{3}{2}(-1)^2-6\cdot(-1)+2]$$
$$=1\frac{3}{8}$$

為極大值。又因 $f''(2)>0$，故

$$f(2)=\frac{1}{4}[2^3-\frac{3}{2}\cdot 2^2-6\cdot 2+2]=-2$$

為極小值，另外

$$f''(x)=\begin{cases}\text{負數，當 } x<\frac{1}{2}\\ 0\quad\text{，當 } x=\frac{1}{2}\\ \text{正數，當 } x>\frac{1}{2}\end{cases}$$

故唯一的反曲點在 $x=\frac{1}{2}$ 處，並且函數圖形在 $(-\infty..\frac{1}{2})$ 上為凹，在 $(\frac{1}{2}..\infty)$ 上為凸，綜合上述的討論，再描出幾點，就不難作出下圖：

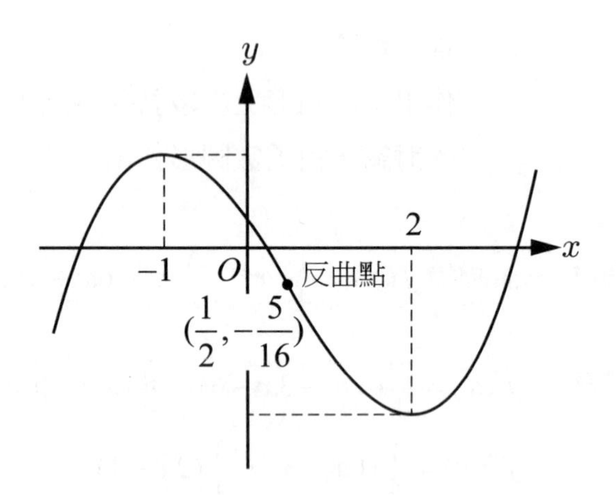


◆**例題 2**　試描繪 $f(x)=\dfrac{2x}{1+x^2}$ 的圖形。

**解**　要點是函數 $f$ 為奇函數！

$$f(-x)=-f(x)$$

畫圖只要畫一半！極值點，反曲點等等，都有對稱性！

$$f'(x)=\frac{2(1-x^2)}{(1+x^2)^2},\ f''(x)=-\frac{4x(3-x^2)}{(1+x^2)^3}$$

只要思考 $x\geq 0$ 這邊就好了！

$f'(x)=0\Rightarrow x=1$

$f''(x)=0\Rightarrow x=\sqrt{3}$（另一根為 $x=0$）

因為 $f''(1)<0$，故 $f(1)=1$ 為極大值，而 $f(-1)=-1$ 為極小值

另外，$x=0,\ \sqrt{3},\ -\sqrt{3}$ 為反曲點

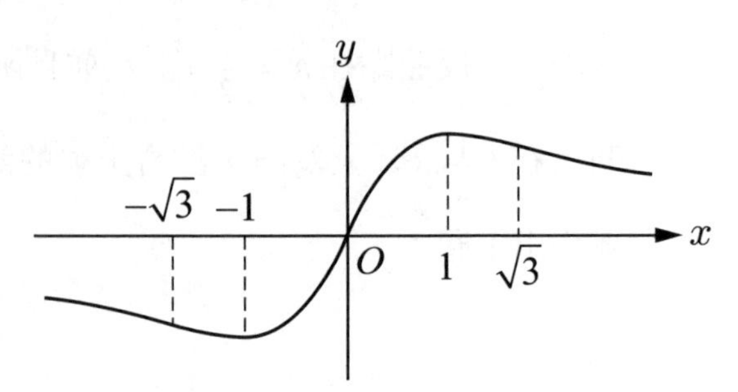

**習 題** —— 試討論下列函數之遞增、遞降、凹凸區間，以及反曲點，並描繪出其圖形：

1. $y = x^4 - 6x^2 + 8x + 7$
2. $y = \dfrac{x}{x^2 - 1}$
3. $y = \arctan(\dfrac{1}{x})$

## §4–6 Taylor 展開式

一個函數 $f$ 在一點 $x_0$ 處的 Newton 展開式就是

$$T_1(f;\ x,\ x_0) := f(x_0) + f'(x_0)(x - x_0)$$

要點是：$T_1(f;\ x,\ x_0)$ 是個多項式，次數 $\leq 1$，而

$$\lim_{x \to x_0} \frac{f(x) - T_1(f;\ x,\ x_0)}{x - x_0} = 0$$

事實上這樣的概念可以推廣成：函數 $f$ 在一點 $x_0$ 處的「$k$ 階 Taylor（泰勒）展開式」。$T_k(f;\ x,\ x_0)$ 必須是個多項式，次數 $\leq k$，而且

$$\lim_{x \to x_0} \frac{f(x) - T_k(f;\ x,\ x_0)}{(x - x_0)^k} = 0$$

對於 $C^k$ 型函數，這個展式很容易寫出來

$$T_k(f;\ x,\ x_0) := f(x_0) + f'(x_0)(x - x_0) + \frac{f''(x_0)}{2!}(x - x_0)^2 + \cdots + \frac{f^{(k)}(x_0)}{k!}(x - x_0)^k$$

事實上 Lagrange 的定理是說，在 $x_0$ 與 $x$ 之間，必定有個數 $\xi = x_0 + r(x - x_0)$，（當然要求 $0 < r < 1$，才可以說 $\xi$ 是介乎 $x_0$ 與 $x$ 之間！）使得：

$$f(x) = T_{k-1}(f;\, x,\, x_0) + \frac{f^{(k)}(\xi)}{k!}(x - x_0)^k$$

$$= f(x_0) + \frac{f'(x_0)}{1!}(x - x_0) + \frac{f''(x_0)}{2!}(x - x_0)^2 + \cdots$$

$$+ \frac{f^{(k-1)}(x_0)}{(k-1)!}(x - x_0)^{k-1} + \frac{f^{(k)}(\xi)}{k!}(x - x_0)^k$$

當然要注意到**最末項！**

如果 $x_0$ 是函數 $f$ 的**臨界點**，那麼由

$$f''(x_0) = \lim_{x \to x_0} 2 \times \{ \frac{f(x) - [f(x_0) + f'(x_0) \times (x - x_0)]}{(x - x_0)^2} \}$$

我們就得到局部極值的二階判定法：

若 $f'(x_0) = 0$，而且 $f''(x_0) > 0$，則臨界點 $x_0$ 是函數 $f$ 的**狹義的局部極小點！**

若 $f'(x_0) = 0$ 且 $f''(x_0) < 0$，則它是狹義的局部極大點。

問 —— 若 $f'(x_0) = 0 = f''(x_0)$ 呢？

答 ——

> $x_0$ 是個麻煩點！如果算出 $f'''(x_0) \neq 0$，那麼可以確定：$x_0$ 必定**不是**局部的極值點。

【補充：解析展開】假設函數 $f$ 在某個開區間 $I$（尤其是例如整個實數軸）上是平滑的，即是各階導函數都存在。那麼，對於一點 $x_0 \in I$，我們可以寫下函數 $f$ 在這一點的**無窮階的 Taylor 展開式**

$$T_\infty(f;\, x,\, x_0) := \sum_{n=0}^{\infty} \frac{f^{(n)}(x_0)}{n!} \times (x - x_0)^n$$

要記得 $0! = 1$ 而且 $f$ 的 0 階導函數就是 $f$，因為你從不曾對它導微。

為書寫方便，底下就設 $x_0=0$，有些書上特別把這樣 Taylor 展開式叫做 Maclaurin（馬克勞倫）展開式。

例如：對於 sin 與 cos，因為週期 4，

$$\sin'=\cos,\ \sin''=-\sin,\ \sin'''=-\cos,\ \sin''''=\sin$$

$$\cos'=-\sin,\ \cos''=-\cos,\ \cos'''=+\sin,\ \cos''''=\cos$$

馬上得到

$$T_\infty(\sin;0)=\sum_{n=0}^{\infty}\frac{(-1)^n}{(2n+1)!}x^{2n+1}=x-\frac{x^3}{3!}+\frac{x^5}{5!}-\frac{x^7}{7!}+\cdots$$

$$T_\infty(\cos;0)=\sum_{n=0}^{\infty}\frac{(-1)^n}{(2n)!}x^{2n}=1-\frac{x^2}{2!}+\frac{x^4}{4!}-\frac{x^6}{6!}+\cdots$$

$$T_\infty(\exp;0)=\sum_{n=0}^{\infty}\frac{1}{n!}x^n=1+\frac{x}{1}+\frac{x^2}{2!}+\frac{x^3}{3!}+\cdots$$

◆**例題 1**　若 $f(x)=\ln(1+x)$，求其 Maclaurin 展開式。

**解**　　$f'(x)=(1+x)^{-1}$

故　　$f''(x)=(-1)(1+x)^{-2}$

$f'''(x)=2!(1+x)^{-3}$

$\vdots$

$f^{(n)}(x)=(n-1)!\times(-1)^{n-1}\times(1+x)^{-n}$

因此　　$f^{(n)}(0)=(-1)^{n-1}(n-1)!$，當 $n=1, 2, \cdots$

而　　$f(0)=0$

故　　$T_\infty(\ln(1+x);0)=x-\frac{x^2}{2}+\frac{x^3}{3}-\frac{x^4}{4}+\cdots$

這裡有兩個問題：

(1)無窮級數收斂嗎？

不一定！比較好的狀況是：

當 $|x-x_0|<R$ 時，收斂；

當 $|x-x_0|>R$ 時，不收斂。

（這樣的 $R>0$，叫做收斂半徑。因而開區間 $(x_0-R..x_0+R)$ 叫做級數的收斂區間。）

(2)在收斂區間內的一點 $x$，可以讓級數收斂到

$f(x)=T_\infty(f;\ x,\ x_0)$ 嗎？

如果這兩個問題的答案都是肯定的，我們就說函數 $f$ 在這個收斂區間內是**解析的** (analytic)。

函數 sin, cos, exp 都是解析的，且收斂半徑 $\infty$，即是在整個實數系上是會收斂到函數本身。至於解析函數 $\ln(1+x)$，收斂半徑為 1，即是收斂區間為 $(-1..1)$。

## §4–7 多變數函數的極值問題

正如單變元函數，我們對兩變元函數也可以談論極值：假設 $f(x,\ y)$ 的定義域為 $\Omega$。若 $M=f(a,\ b)$，其中 $(a,\ b)\in\Omega$ 且 $f(x,\ y)\le M,\ \forall(x,\ y)\in\Omega$，則稱 $M$ 為 $f$ 在 $\Omega$ 上的**最大值**。而點 $(a,\ b)$ 稱為此函數的最大點。

【註解】和單變數的情形很類似的是：

(1)若不等式**顛倒**成 $f(x,\ y)\ge f(a,\ b)=M$，則「大」與「小」顛倒了。所以我們只要講大小之一。

(2)「最大」，也許用「極大」更方便？你要注意每位老師，每本書籍，每道試題，都可以不同！

(3)極大值不一定存在。(但是好的（緊緻）領域上的連續函數，就沒有問題了。極大值存在就唯一，但是極大點卻不一定唯一。）唯一的極大點，我們就稱做**狹義的極大點**。

(4)在微（積）分學的立場，常常把問題「局部化」。這就是說，

如果我們可以取出點 $(a, b)$ 的一個近旁 $D$，也就是以 $(a, b)$ 為圓心的一個小圓盤，而使得，當函數 $f$ 侷限在 $\Omega$ 縮小到 $D$ 以內時，點 $(a, b)$ 為極大點。那麼，這點 $(a, b)$ 對於原本的函數來說，叫做**局部的極大點**。

再說一遍：有人（書、題）是習慣把**局部的**三個字省略！

(5)我們可以思考此函數的**圖解**，這也就是（立體空間中的）一曲面 $S: z = f(x, y)$。這時候，「極大點」的立體形象對我們的思考很有幫助。可是你要很清楚：(在大部份的情況下，) 極大點是指 $(a, b)$，極大值是指 $f(a, b) = M$。立體空間的「點」$(a, b, M)$ **不是**定義域 $\Omega$ 的點！當然**不是**「極大點」。因為坐標值 $f(x, y)$（經常）在事理上不表示高度！(單位不是長度！)

回到極值問題來。我們的思路還是同一招「以偏概全」。

為了解決極值問題，假設 $f(a, b)$ 為極大值，讓我們來分析看看 $f$ 在點 $(a, b)$ 具有什麼樣的性質。考慮偏函數 $g(x) = f(x, b)$ 及 $h(y) = f(a, y)$，顯然 $g(x)$ 在點 $x = a$ 有極大值，$h(y)$ 在點 $y = b$ 也有極大值，見下圖：

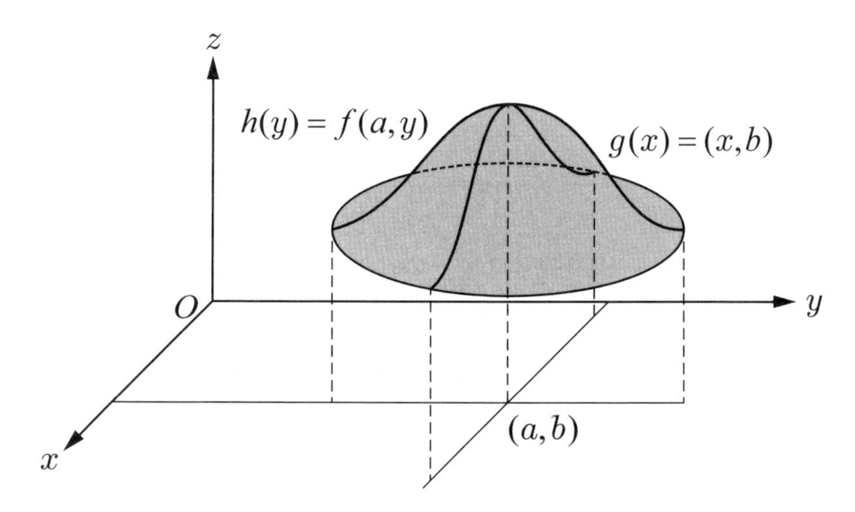

因此 $\left.\frac{dg}{dx}\right|_{x=a}=0$ 且 $\left.\frac{dh}{dy}\right|_{y=b}=0$。但是 $\left.\frac{dg}{dx}\right|_{x=a}$ 與 $\left.\frac{dh}{dy}\right|_{y=b}$ 分別就是 $\frac{\partial f(a, b)}{\partial x}$ 與 $\frac{\partial f(a, b)}{\partial y}$，因此點 $(a, b)$ 必須滿足

$$\frac{\partial f(a, b)}{\partial x}=0=\frac{\partial f(a, b)}{\partial y} \quad [1]$$

這就是多變數函數極值問題的 Fermat 處方：

**Fermat 處方**

函數 $f$ 的極值點 $(a, b)$，除非是

(i) 定義域的**邊界點**

(ii)（不能微導 $f$ 的）奇異點

否則必然滿足聯立方程式 [1]

$$\frac{\partial f}{\partial x}=0=\frac{\partial f}{\partial y}$$

上述的點叫做**臨界點**。(更正確地說，叫做**偏臨界點**。但是以下都假定 $f$ 是真正的全可微導，那麼「偏」字就應該刪去了！)

再提醒一下：根據全可微函數的解析幾何的解釋，這個臨界點條件就是說：

曲面 $S: z=f(x, y)$ 在此「點」的切面必然「水平」。

◆**例題 1** 求 $f(x, y)=6x^2+2y^2-24x+36y+2$ 的最大值與最小值。

**解** （事實上 $6x^2-24x+2$, $2y^2+36y$ 分別是單變函數！）首先注意到，當 $|x|$ 與 $|y|$ 很大時，$f(x, y)$ 的值也很大，因為 $f(x, y)$ 的主宰項為 $6x^2+2y^2$，因此 $f(x, y)$ 沒有最大值。為了求最小值，解方程式：

$$\begin{cases} \dfrac{\partial f}{\partial x} = 12x - 24 = 0 \\ \dfrac{\partial f}{\partial y} = 4y + 36 = 0 \end{cases}$$

得到 $x = 2,\ y = -9$，其實 $(2,\ -9)$ 是**狹義極小點**，最小值為 $f(2,\ -9) = -184$

**例題 2**　求 $f(x,\ y) = x^2 - 2xy^2 + y^4 - y^5$ 的極值。

**解**　$\because \dfrac{\partial f}{\partial x} = 2x - 2y^2,\ \dfrac{\partial f}{\partial y} = -4xy + 4y^3 - 5y^4$

解 $\dfrac{\partial f}{\partial x} = 0 = \dfrac{\partial f}{\partial y}$，得 $x = y = 0$

所以，原點是**唯一可能的局部的極值點**。不過它不是！

事實上，如上在解聯立方程式的過程中，出現了 $\dfrac{\partial f}{\partial x} = 0$

即 $x = y^2$，這是一條**拋物線** $\Gamma$，而有 $y = \pm\sqrt{x},\ x > 0$

點 $(x,\ y)$ 如果沿著 $\Gamma$ 變動，那麼 $y^2 = x$

而 $f(x,\ y) = f(y^2,\ y) = -y^5$

所以，在 $y = \sqrt{x}$ 上，$f(x,\ y) < 0$；在 $y = -\sqrt{x}$ 上，$f(x,\ y) > 0$

但 $f(0,\ 0) = 0$，故 $f$ 在點 $(0,\ 0)$ 不取極值

**例題 3**　如右圖，由 $x$ 軸、$y$ 軸及直線

$$x + y - 1 = 0 \qquad [2]$$

圍成三角形 $OAB$。試在此三角形內找一點，使其至三頂點的距離平方和為最小。

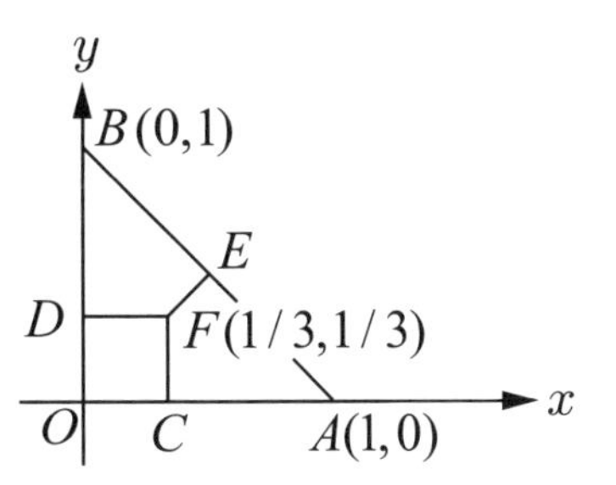

**解** 假設所欲求的點之坐標為 $(x, y)$，於是問題變成要求函數

$$f(x, y) = 2x^2 + 2y^2 + (x-1)^2 + (y-1)^2$$

的最小值。令第一階偏導數等於 0，解得靜止點為 $x = y = \frac{1}{3}$。很容易驗證 $(\frac{1}{3}, \frac{1}{3})$ 點為 $f(x, y)$ 的極小點，而極小值為 $\frac{4}{3}$。注意到點 $(\frac{1}{3}, \frac{1}{3})$ 在 $\triangle OAB$ 內。再考慮 $f(x, y)$ 在 $\triangle OAB$ 三邊上的變化情形。當 $(x, y)$ 在 $\overline{OA}$ 上變動時（即令 $y = 0$），則

$$f(x, y) = 2x^2 + (x-1)^2 + 1,\ 0 \le x \le 1$$

由單變元函數求極值的方法，得知當 $x = \frac{1}{3}$ 時，$f(x, y)$ 在 $\overline{OA}$ 上的最小值為 $\frac{5}{3}$。同理，當 $y = \frac{1}{3}$ 時，$f(x, y)$ 在 $\overline{OB}$ 上的最小值為 $\frac{5}{3}$。最後研究 $f(x, y)$ 在 $\overline{AB}$ 上的變化情形，由 [2] 式知，此時 $y = 1 - x$，故

$$f(x, y) = 3x^2 + 3(x-1)^2,\ 0 \le x \le 1$$

容易求得，當 $x = y = \frac{1}{2}$ 時，$f(x, y)$ 在 $\overline{AB}$ 上的最小值為 $\frac{3}{2}$。列成下表：

| $(x, y)$ | $(\frac{1}{3}, \frac{1}{3})$ | $(\frac{1}{3}, 0)$ | $(0, \frac{1}{3})$ | $(\frac{1}{2}, \frac{1}{2})$ |
|---|---|---|---|---|
| $f(x, y)$ | $\frac{4}{3}$ | $\frac{5}{3}$ | $\frac{5}{3}$ | $\frac{3}{2}$ |

因而看出，$f(x, y)$ 在 $(\frac{1}{3}, \frac{1}{3})$ 點有最小值 $\frac{4}{3}$

**習 題** —— 求下列函數之極值：

1. $f(x, y, z) = x^2 + y^2 + z^2 + 2x + 4y - 6z$

2. $f(x, y, z) = x + \frac{y^2}{4x} + \frac{z^2}{y} + \frac{2}{z},\ (x, y, z > 0)$

3. $f = xy^2z^3(a - x - 2y - 3z)$

4. $f = \sin x + \sin y + \sin z - \sin(x + y + z),\ 0 \le x,\ y,\ z \le \pi$

5. 容積 $V$ 固定的矩形體，欲其表面積最小，問這是什麼矩形體？

6. 有一塊鐵片，寬 24 公分，要把它的兩邊折去做成一槽，使它的容積最大，求每邊的傾斜角 $\alpha$ 和 $x$。

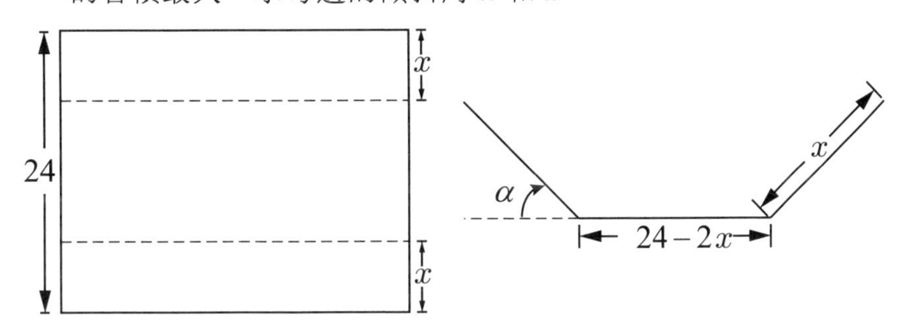


## §4–8　Lagrange 的妙法

上節的 Fermat 處方是：要得到一個函數 $f(x_1, x_2, \cdots, x_n)$ 的局部極值點，只要解聯立方程式

$$\frac{\partial f}{\partial x_1} = 0 = \frac{\partial f}{\partial x_2} = \cdots = \frac{\partial f}{\partial x_n}$$

就好了。

但是，在這樣的極值問題中，這些變數全都是**獨立自由的**。我們遇到的問題經常是：這些變數不自由！受到某些（$r$ 個）拘束條件

$$\begin{aligned} g_1(x_1, x_2, \cdots, x_n) &= 0 \\ g_2(x_1, x_2, \cdots, x_n) &= 0 \\ &\vdots \\ g_r(x_1, x_2, \cdots, x_n) &= 0 \end{aligned}$$

那麼**通常**是：只剩下**自由度** $n - r$。

這樣的問題比較麻煩！幸虧 Lagrange 提出了如下的妙方：$f$ 稱為目標函數，諸 $g_1, g_2, \cdots, g_r$ 稱為拘束函數。現在引入 $r$ 個（**未定乘子**）變數 $\lambda_1, \lambda_2, \cdots, \lambda_r$，然後考慮（一共 $n+r$ 個變數的）函數

$f_g(x_1, x_2, \cdots, x_n; \lambda_1, \lambda_2, \cdots, \lambda_r)$

$:= f(x_1, x_2, \cdots, x_n) + \lambda_1 g_1 + \lambda_2 g_2 + \cdots + \lambda_r g_r$

然後把 Fermat 處方用到這個由拘束而修飾了的目標函數。

◆**例題 1** 試在 $x^2 - xy + y^2 = 4$ 的條件下，求 $x^2 + y^2$ 的極值。

**解** 令 $H(x, y) = x^2 + y^2 + \lambda(x^2 - xy + y^2 - 4)$

對 $x, y$ 以及 $\lambda$ 偏導微，再設等於 0，得

$$2x + \lambda(2x - y) = 0 \qquad [1]$$

$$2y + \lambda(-x + 2y) = 0 \qquad [2]$$

$$x^2 - xy + y^2 - 4 = 0 \qquad [3]$$

要聯立！

將 [1]，[2] 兩式整理成

$$\begin{cases} (2+2\lambda)x - \lambda y = 0 \\ (-\lambda)x + (2+2\lambda)y = 0 \end{cases}$$

因此只有當係數行列式

$$\begin{vmatrix} 2+2\lambda & -\lambda \\ -\lambda & 2+2\lambda \end{vmatrix} = 3\lambda^2 + 8\lambda + 4 = 0$$

時，$x, y$ 才有非零解（因為零解不滿足 [3]）

所以 $\lambda = -2$ 或 $\lambda = -\dfrac{2}{3}$

當 $\lambda = -2$ 時，代入 [3]，得 $x = y = \pm 2$，此時 $x^2 + y^2 = 8$

當 $\lambda = -\dfrac{2}{3}$ 時，代入 [3]，得 $x = -y = \pm\dfrac{2}{\sqrt{3}}$，此時 $x^2 + y^2 = \dfrac{8}{3}$

前者是極大，後者是極小！

**◆例題 2**　求拋物線 $y^2=4x$ 上的點，至 (1, 0) 最近者。

**解**　我們要在 $y^2=4x$ 的條件下，求

$$z=f(x,\ y)=(x-1)^2+y^2=(x-1)^2+4x$$

的最小點。令

$$h=(x-1)^2+y^2+\lambda(y^2-4x)$$

解聯立方程組

$$\begin{cases} 2(x-1)-4\lambda=0 \\ 2y+2\lambda y=0 \\ y^2-4x=0 \end{cases}$$

得兩解：$\lambda=-1,\ x=-1,\ y=0$（不合）

$\lambda=-\dfrac{1}{2},\ x=0,\ y=0$（合）

答案是：拋物線 $y^2=4x$ 上，點 (0, 0) 距 (1, 0) 最近

# 第 5 章 定積分

## §5–1 從面積到積分

面積是一個很古老的幾何概念，它根源於人類要丈量土地的大小。歷史上**所有的古文明**，最先得到的「文化」，就是面積的計算。

對於比較規矩的幾何圖形，如矩形、三角形、梯形等等，它們的面積公式在小學我們就已經學會了。但是對於較不規則的一塊平面區域，如「日月潭」，怎樣求它的面積呢？說得更確切一點，「什麼叫做面積？」

會**想到這個問題**，並且**解決它**，這是**希臘文明非常獨特的貢獻**。事實上應該說：希臘人（尤其可以指出 Archimedes（阿基米德））已經發明了**積分學**，但是他們有概念而沒有符號。（其實他們還沒有阿拉伯數碼！所以 Archimedes 的計算非常辛苦！）

讓我們由 Archimedes 當初所考慮的問題的一個特例談起：考慮拋物線 $y=x^2$ 與直線 $y=1$ 所圍成的面積，見下圖 $A$。

由於圖形對 $y$ 軸對稱，故我們只要找出第一象限的陰影面積即可；我們可以改成求圖 $B$ 中陰影的面積。若這個面積為 $S$，則圖 $A$ 的面積就是 $2(1-S)$。

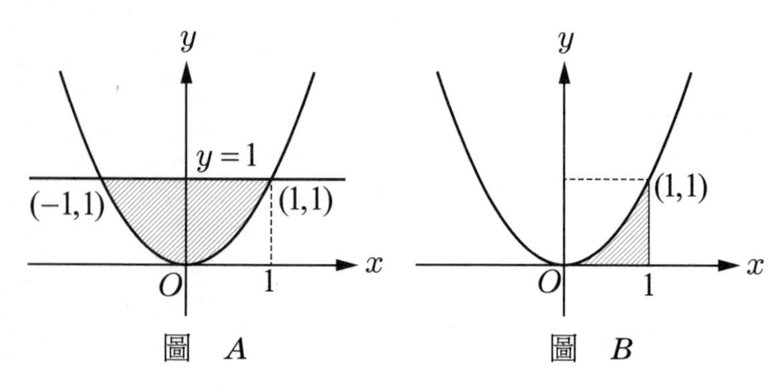

圖 $A$　　　圖 $B$

現在就來求圖 $B$ 陰影的面積。這塊區域投影在 $x$ 軸上，是區間 [0..1]。那麼我們將這區間分割成 $n$ 等分，就得到「割點」$x_j := \frac{j}{n}, j = 0, 1, 2, \cdots, n$。當然 $x_0 = 0, x_n = 1$ 是端點，而且，$0 = x_0 < x_1 < x_2 < \cdots < x_n = 1$，過這些分割點作平行於 $y$ 軸的直線，這就將圖形分割成一小長條一小長條，見下圖 $C$、$D$。每一小長條的面積都約略等於一個矩形，其第 $i$ 個小長條的底是 $x_i - x_{i-1} = \Delta x_i$，都是 $\frac{1}{n}$。高呢？用 $y_i = x^2{}_i$ 或 $y_{i-1} = x^2{}_{i-1}$ 都差不了多少（前者嫌稍多，後者嫌少！分別是 $C$、$D$ 的圖）。

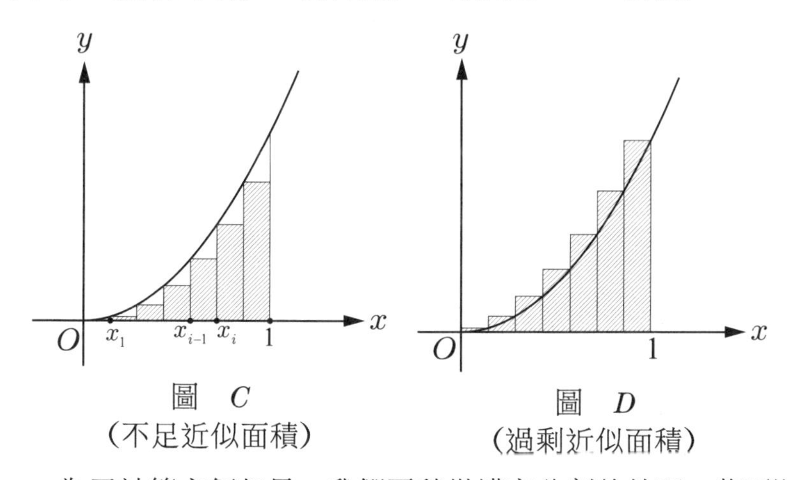


圖　$C$
（不足近似面積）

圖　$D$
（過剩近似面積）

為了計算方便起見，我們要稍微講究分割的技巧：將區間 [0..1] 分割成 $n$ 等分，即分割點為：

$$0 = x_0 < \frac{1}{n} = x_1 < \frac{2}{n} = x_2 < \cdots < \frac{n}{n} = x_n = 1，其中\ x_k = \frac{k}{n}$$

因此真正的面積 $S$ 應該介乎

$$s_n = \sum_{k=1}^{n} y_{k-1} \Delta x_k = \sum_{k=1}^{n} (\frac{k-1}{n})^2 \cdot \frac{1}{n} \qquad \text{（不足近似面積）}$$

與

$$S_n = \sum_{k=1}^{n} y_k \Delta x_k = \sum_{k=1}^{n} (\frac{k}{n})^2 \cdot \frac{1}{n} \qquad \text{（過剩近似面積）}$$

之間。利用公式 $\sum_{k=1}^{n} k^2 = \frac{1}{6}n(n+1)(2n+1)$，我們求得

$$s_n = \frac{(n-1)(2n-1)}{6n^2} = \frac{2n^2-3n+1}{6n^2} = \frac{2-(\frac{3}{n})+(\frac{1}{n^2})}{6}$$

及 $$S_n = \frac{(n+1)(2n+1)}{6n^2} = \frac{2n^2+3n+1}{6n^2} = \frac{2+(\frac{3}{n})+(\frac{1}{n^2})}{6}$$

即 $s_n \leq S \leq S_n$。

現在令 $n \to \infty$，則得

$$\lim_{n\to\infty} s_n = \frac{1}{3} = \lim_{n\to\infty} S_n$$

因為 $S$ 恆被夾在 $s_n$ 與 $S_n$ 之間，而兩頭趨近於一個共同的極限 $\frac{1}{3}$，故 $S$ 沒有其它選擇，必等於 $\frac{1}{3}$。(夾擊原則！）因此圖 $B$ 的面積正好是 $\frac{1}{3}$，由此可知圖 $A$ 之面積為 $2(1-\frac{1}{3}) = \frac{4}{3}$。

**問** —— 設半徑為 $r$ 的圓周長為 $2\pi r$。試導出圓盤面積的公式：$\pi r^2$。

**答** ——

> 考慮此圓的內接正 $n$ 邊形與外切正 $n$ 邊形；則圓的面積必定介乎此兩種區域的面積之間，再取極限 $n \to \infty$ 就好了！[註1]

當然在希臘時代沒有坐標幾何的工具。但是我們此地就用這個工具，廣泛些闡明（定）積分的概念，進而引入極有用的記號。

註 1　這個想法祖沖之也想到了！他是東亞文明中發明積分學的第一人。（遲於 Archimedes）

考慮一個函數 $f(x) \geq 0$，畫出曲線 $y = f(x)$。假定閉區間 $[a..b]$ 是在函數的定義域中，於是畫出縱線 $x = a$ 及 $x = b$，這樣子我們就可以解釋這個區域（如下圖）

$$D: a \leq x \leq b,\ 0 \leq y \leq f(x)$$

的面積意義了！

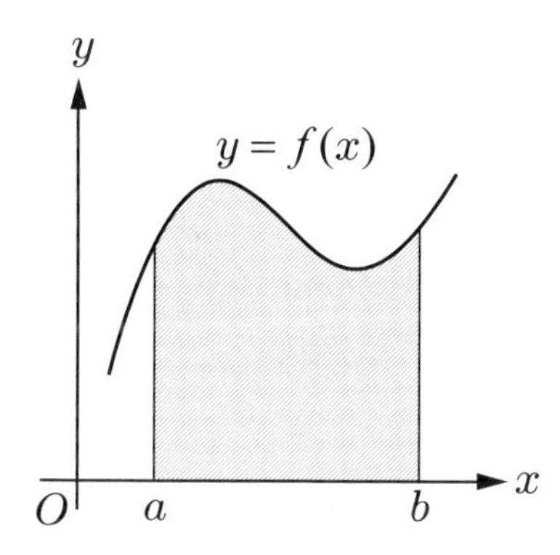


我們把區間 $I = [a..b]$ 分割成 $n$ 個小區間；也就是說取 $(n-1)$ 個中間割點，$x_1, x_2, \cdots, x_{n-1}$，記成（有限數列）

$$\pi: x_0 = a < x_1 < x_2 < \cdots < x_{n-1} < x_n = b$$

（partition 是分割，拉丁字母 $p$ 對應到希臘字母 $\pi$）先考慮其中一小段區間 $[x_{i-1}..x_i]$ 上，曲線 $y = f(x)$ 及 $x$ 軸所成的面積。我們可以把它當作一個近似矩形，底是固定的，$x_i - x_{i-1} = \Delta x_i$，但高呢？在 $[x_{i-1}..x_i]$ 中任意取一個「樣本點」$\xi_i$，就以 $f(\xi_i)$ 來當作高。因此，這小塊的面積近似於 $f(\xi_i)\Delta x_i$，其中

$x_{i-1} \leq \xi_i \leq x_i$。我們用 $\sigma$ 表示這個有限數列（遞增）

$$\sigma: \xi_1 < \xi_2 < \cdots < \xi_n$$

（sampling 是採樣，拉丁字母 $s$ 對應到希臘字母 $\sigma$）這是**配合**於分割 $\pi$ 的採樣，因為限定 $x_{j-1} \leq \xi_j < x_j$。總近似面積為

$$S(f;\ \pi,\ \sigma) = \sum_{i=1}^{n} f(\xi_i)\Delta x_i$$

那麼「面積 $=A$」的意思是：$\lim S=A$。總近似面積 $S=S(f;\pi,\sigma)$ 會趨近 $A$。

此地 lim 的意味是什麼？當然你可以取**等差分割**，即

$$x_j=a+(\frac{b-a}{n})\times j$$

那麼第 $j$ 段小區間之長度為 $\Delta x_j=x_j-x_{j-1}=\frac{b-a}{n}$(與 $j$ 無關)，在 $n\to\infty$ 時，當然 $\lim(\frac{b-a}{n})=0$，而趨近的意思就只是要求 $n\to\infty$。

在 Riemann（黎曼）所提出的**積分論**中，他只是要求：「分割」$\pi$ 的**粗糙度** $\|\pi\|$，即 $\Delta x_1,\Delta x_2,\cdots,\Delta x_n$ 中最大的那個，趨近零。(而採樣 $\sigma$ 是毫無限制的，除了 $x_{j-1}\le\xi_j\le x_j$。) **如果這樣的極限存在**

$$\lim_{\|\pi\|\to 0}S(f;\pi,\sigma)=\lim_{\|\pi\|\to 0}(\sum f(\xi_j)(x_j-x_{j-1}))=A$$

我們就說函數 $f$ 在區間 $I=[a..b]$ 上是**可積分的**，而積分值記成

$$\int_I f=\int_a^b f(x)dx=A=\lim_{\|\pi\|\to 0}S(f;\pi,\sigma)$$

以上的敘述非常囉嗦，現在我們做個抽象的整理。尤其要廓清記號。

積分這概念的原始動機是「求面積」。可是最終的定義卻是非常廣泛有用的。

要定義一個函數 $f$ 在一個閉區間 $I=[a..b]$ 上的積分，當然要求 $I$ 含容在 $f$ 的定義域中。$I$ 叫做積分域，$f$ 叫做被積分函數，而記號 $\int_I f$ 當然是**非常簡潔的**。可是，通常這樣寫並不方便！都是寫成 $\int_a^b f(x)dx$。

舉個簡單的例子：立方函數在區間 [1..3] 之上的積分為 20。我們絕不會先去

(i)定義立方函數為 $cb$，$cb(x) := x^3$

(ii)定義區間 [1..3] 為 $I$，$I := [1..3]$

然後寫 $\int_I cb = 20$。——我們只寫 $\int_1^3 x^3 dx = 20$。

關於(i)，必須記住我們都是用**啞引函數**的方式，因此啞吧變數也必須標出，所以用這種方式，而

$$\int_a^b f(x)dx = \int_a^b f(y)dy = \int_a^b f(s)ds = \cdots$$

這裡的啞吧變數寫 $x$, $y$ 跟寫 $s$, … 意思都一樣。這叫做「積分變數」。

關於(ii)，當然因為 $\int_a^b$ 的寫法比 $\int_{[a..b]}$ 還簡潔。

其實這種 Leibniz 方式的記號，還有更重要的好處，後面再說。

回到積分的定義來。Riemann 的時候，已經知道了最重要的一些事實：在積分的定義中，我們對 $f$ 並不須要有何限制——只要有可積分性。而：

(1) $f$ 的連續性就是可積分性的一個**充分條件**！

(2)如果 $f$ 在 $I$ 上可積分，我們將 $f$ 在**有限個點上「變動」**，成為另外一個函數 $g$，這樣子，$g$ 依然是**可積分**，而且積分值

$$\int_I g(x)dx = \int_I f(x)dx$$

(所以說連續性不是可積分性的必要條件！因為，只有在一點變動函數值，原本的連續函數 $f$ 就變成不連續的 $g$ 了。)

以下使用到積分記號 $\int_a^b f(x)dx$ 時，當然都假定了可積分

性，不用煩惱。我們特別指出如下這個簡單有用的命題：

**命題**

假設 $a<b<c$，函數 $f$ 在 $[a..b]$ 上可積分，函數 $g$ 在 $[b..c]$ 上可積分，那麼將函數 $f$ 與 $g$ 銜接成函數 $h$，亦即

$$\begin{cases} h(x)=f(x)\text{，當 } a\le x<b \\ h(x)=g(x)\text{，當 } b<x\le c \end{cases}$$

則 $h$ 在 $[a..c]$ 上可積分，而且

$$\int_a^c h(x)dx=\int_a^b f(x)dx+\int_b^c g(x)dx$$

哈！你問：$h(b)=?$ 沒關係！$h(b)$ 之值完全不影響可積分性與積分值！要知道，若 $f\in C[a..b]$ 且 $g\in C[b..c]$，只要 $g(b)\neq f(b)$，不論如何定義 $h$，銜接之後的 $h$ 必然在 $b$ 處不連續！

所以這個命題很有用：(由連續函數銜接起來的) 片段地連續的函數總是可積分的！我們把上述命題叫做「針對於積分域的**銜接**（= **疊合**）定理」。如下則是「針對於被積分函數的（**疊合** =）線性定理」。

**定理**

若兩個函數 $f$ 與 $g$ 在區間 $[a..b]$ 上，可以積分，而 $h$ 是它們的線性組合，換言之，有常數 $\alpha$ 與 $\beta$，使得

$$h(x)=\alpha\cdot f(x)+\beta\cdot g(x)$$

則 $h$ 也是在 $[a..b]$ 上可積分，而且

$$\int_a^b h(x)dx=\alpha\cdot\int_a^b f(x)dx+\beta\cdot\int_a^b g(x)dx$$

## §5–2 簡單的積分公式

提醒一下，從積分的定義

$$\int_a^b f(x)dx = \lim_{n\to\infty} S(f;\pi^{(n)},\sigma^{(n)}) = \lim_{n\to\infty}\sum f(\xi_j^{(n)})(x_j^{(n)} - x_{j-1}^{(n)}) \qquad [1]$$

就知道，只要有了可積分性的保證，我們可以自由地分割採樣（只要方便於計算），再求極限，來得到積分值。於是可得到

$$\int_0^b x^3 dx = \frac{b^4}{4} \qquad [2]$$

**習 題** —— 證明這公式。

〔提示：上一節是 $f(x) = x^2$，現在是 $f(x) = x^3$，

上一節是利用 $\sum_{j=1}^{n} j^2 = \frac{n(n+1)(2n+1)}{6}$ [3]

現在要利用 $\sum_{j=1}^{n} j^3 = \frac{n^2(n+1)^2}{4}$ [4]

仍然用等差分割 $x_j^{(n)} := \frac{b}{n} \times j$ 與右端採樣，$\xi_j^{(n)} = x_j^{(n)}$。〕

更一般地，可以證明如下的公式。對於自然數 $k$

$$\int_0^b x^k dx = \frac{b^{k+1}}{k+1} \qquad [5]$$

**習 題** —— 對於自然數 $k$，及 $b > 1$，試證：

$$\int_1^b x^k dx = \frac{b^{k+1} - 1}{k+1} \qquad [6]$$

〔提示：用**等比分割**，把 $[1..b]$ 分割為 $n$ 段，$x_j^{(n)} = (\sqrt[n]{b})^j$（公比為 $\sqrt[n]{b}$）。於是左端採樣，$\xi_j^{(n)} = x_{j-1}^{(n)}$，你要用到等比級數之和公式

$$1 + r + r^2 + \cdots + r^{n-1} = \frac{r^n - 1}{r - 1}$$ 〕[7]

【註解】公式 [5] 對於實數 $k>0$ 都成立。公式 [6] 對於任何實數 $k\neq -1$ 都成立！公式 [5] 可以推廣成：對於自然數 $k$（及 $k=0$），以及區間 $[a..b]$，

$$\int_a^b x^k dx = \frac{b^{k+1}-a^{k+1}}{k+1} \qquad [8]$$

於是，對於**多項式函數** $f(x)$，積分就易如反掌了！

## §5–3 再回顧面積

記住：我們採用的積分意義是

$$\int_a^b f(x)dx = \lim \sum f(\xi_j^{(n)})(x_j^{(n)} - x_{j-1}^{(n)})$$

這裡對函數 $f$ 沒有限制，只是假定可積分性，亦即右側的極限存在。

現在回到解析幾何來，畫出曲線 $\Gamma: y=f(x)$，則 $\int_a^b f(x)dx$ 如何解釋？

首先如果 $f(x)\leq 0$（圖 $A$）則：曲線 $y=f(x)$，與 $x$ 軸：$y=0$，及 $x=a,\ x=b$ 兩線圍成的區域恰為此積分之負。更一般地，$f$ 在某段為正，某段為負，則（圖 $B$）：

$$\int_a^b f(x)dx = \text{(斜線)的部分之面積} - \text{(點狀)的面積}$$

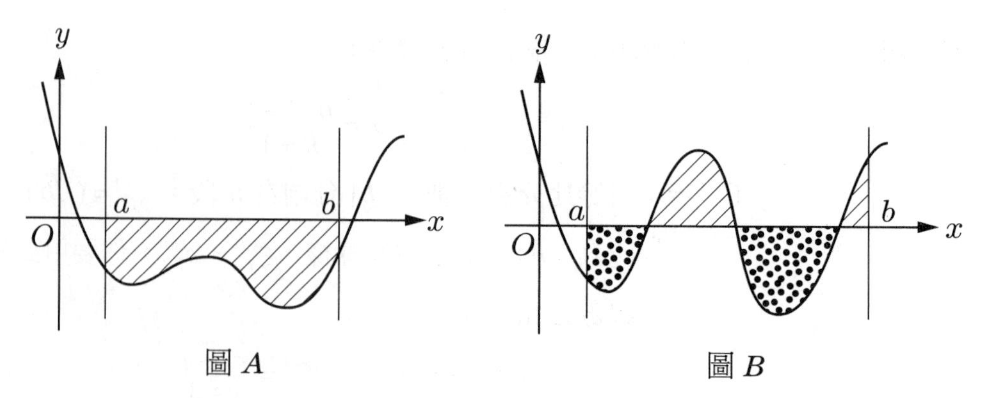


圖 $A$　　圖 $B$

而下圖 $C$ 的面積為 $\int_a^b (f-g)dx$：

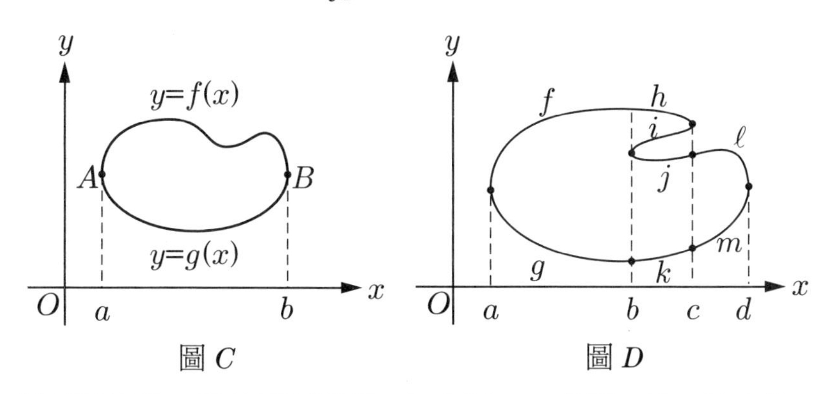


圖 $C$　　　　圖 $D$

對於更複雜一點的平面面積，如上圖 $D$，我們一塊一塊來做：

$$\int_a^b (f-g)dx + \int_b^c (h-i)dx + \int_b^c (j-k)dx + \int_c^d (\ell - m)dx$$

其中 $f, g, h, i, j, k, \ell, m$ 均為 $x$ 的函數。

◆**例題 1**　求函數 $f(x)=x^3-3x^2+2x$ 與 $g(x)=-x^3+4x^2-3x$ 之圖形所圍成的面積。

**解**　先求兩函數圖形的交點，即解

$$x^3-3x^2+2x=-x^3+4x^2-3x$$

$$\Rightarrow 2x^3-7x^2+5x=0$$

$$\Rightarrow x(x-1)(2x-5)=0$$

$$\Rightarrow x=0\text{，或 } x=1\text{，或 } x=\frac{5}{2}$$

作圖如下：

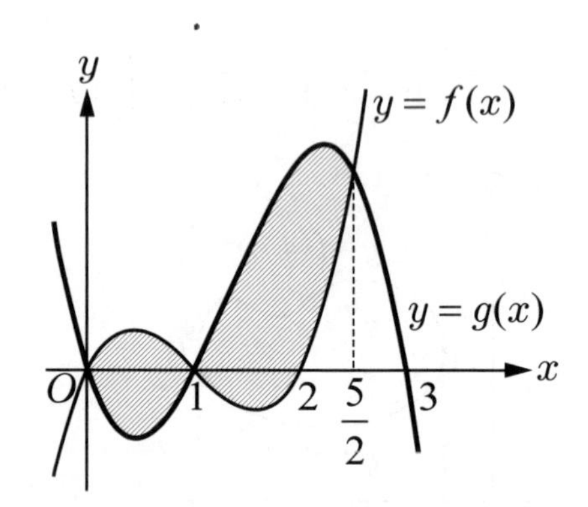


因此陰影的面積為

$$\int_0^1 (f-g)dx + \int_1^{\frac{5}{2}} (g-f)dx$$

$$= \int_0^1 (2x^3 - 7x^2 + 5x)dx + \int_1^{\frac{5}{2}} (-2x^3 + 7x^2 - 5x)dx$$

$$= (\frac{x^4}{2} - \frac{7x^2}{3} - \frac{5x^2}{2})\Big|_0^1 + (-\frac{x^4}{2} + \frac{7x^3}{3} + \frac{5x^2}{2})\Big|_1^{\frac{5}{2}}$$

$$= \frac{3252}{96} = 33.875 \approx 33.9$$

定積分原先的目的就是要求面積的問題，例如下面兩圖的面積分別為 $\int_a^b f(x)dx$ 及 $\int_a^b f(y)dy$。

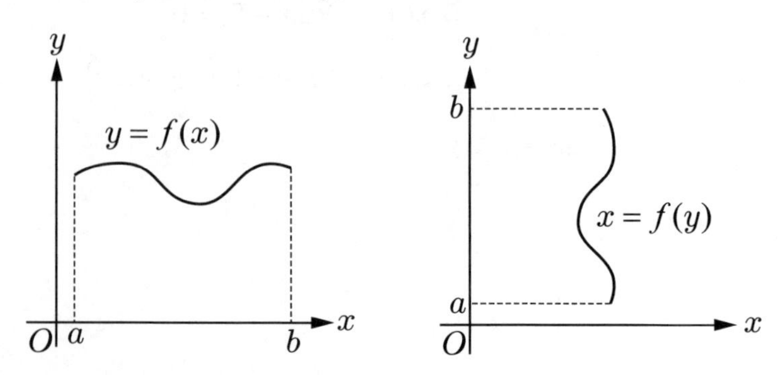


這沒什麼用！有用的是下述的例子。

【例 1】　我們已經有簡單的 Archimedes 公式 $\int_0^b x^2dx = \frac{b^3}{3}$，現在畫圖 $\Gamma: y = x^2$

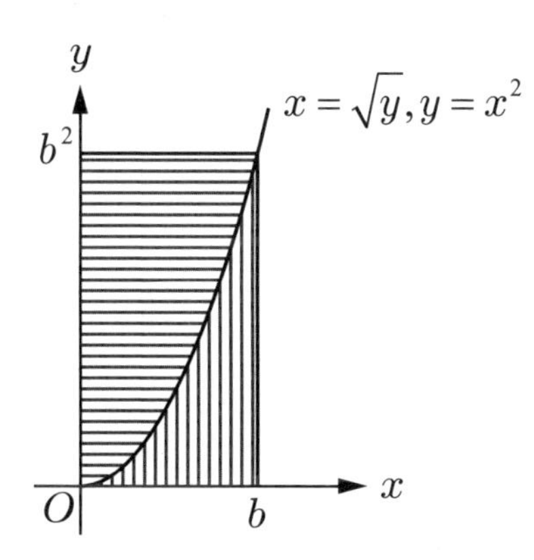


圖中，原點 (0, 0) 及點 $(b, 0)$, $(b, b^2)$, $(0, b^2)$ 四點構成一個**矩形**，這矩形被曲線 $\Gamma$ 割剖成兩塊，右下一塊的面積是 $\int_0^b x^2dx = \frac{b^3}{3}$，矩形面積是 $b \times b^2 = b^3$。所以左上一塊的面積是

$$b^3 - \frac{b^3}{3} = \frac{2}{3}b^3$$

但是，我們把曲線 $\Gamma$ 解釋為 $x = \sqrt{y}$，因而左上一塊的面積之幾何解釋為（長方條為橫紋！）

$$\int_0^{b^2} \sqrt{y}\,dy = \frac{2}{3}b^3$$

記 $a = b^2$, $b = a^{\frac{1}{2}}$，則得，$(a > 0)$

$$\int_0^a y^{\frac{1}{2}}dy = \frac{2}{3}a^{\frac{3}{2}}$$

換句話說，我們已經證明了，當 $k = \frac{1}{2}$ 時，

$$\int_0^a x^k dx = \frac{a^{k+1}}{k+1}$$

仍然成立！

**習　題**

1. 求拋物線 $y^2=9-x$ 與直線 $y=x-3$ 所圍成的面積。
〔提示：把 $y$ 考慮成獨立變數較容易做。〕

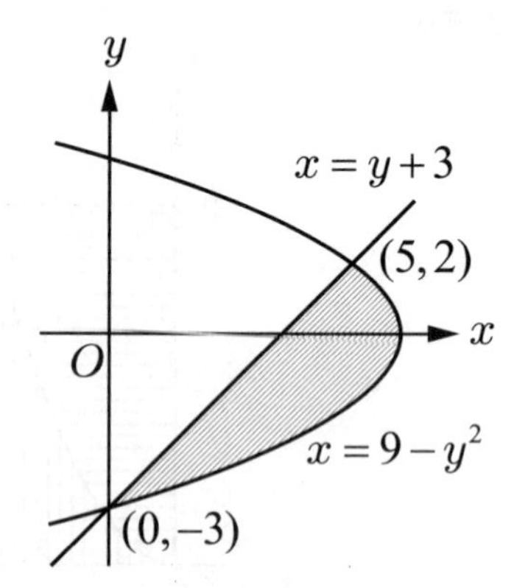


2. 拋物線 $\sqrt{x}+\sqrt{y}=\sqrt{a}$ 與直線 $x+y=a$ 之間夾了多少面積？

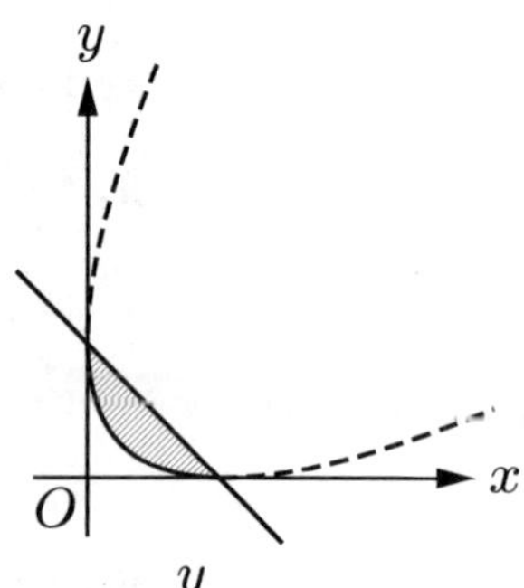


3. 求兩拋物線所夾之面積：
$y^2=9+x$ 與 $y^2=9-3x$。

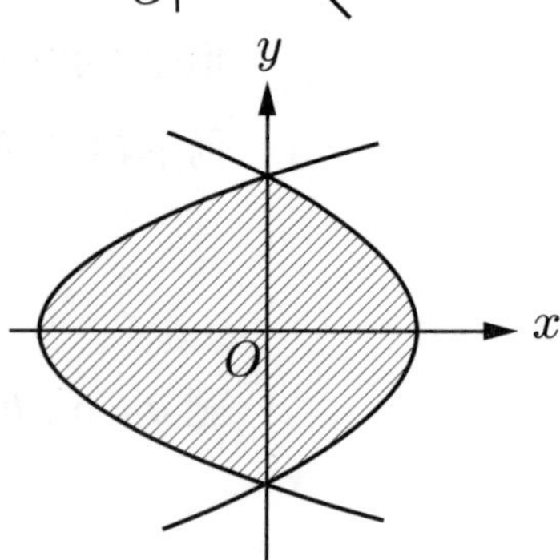


4. 由幾何解釋，計算 $\int_3^6 \sqrt{36-x^2}\,dx$。

## §5-4　積分的意義：其他解釋

這一節我們又回來談積分的意義。你想：「不是已經學過了嗎：積分就是代表面積」。不是！積分在**數學上的定義**就是

$$\int_a^b f(x)dx = \lim \sum f^{(n)}(\xi_j^{(n)})(x_j^{(n)} - x_{j-1}^{(n)})$$

這個數學定義，可以在種種不同的場景下有不同的解釋！

【甲、體積】假設在立體空間有一塊幾何領域 $R$，我們要怎樣來計算它的體積 $Vol(R)$ 呢？

有一種方法**也許可行**：把 $R$ 投影到 $z$ 軸上，得到區間 $[a..b]$，換句話說，$R$ 的每一點，其 $z$ 坐標都在此區間內。現在想像過 $z$ 軸上（的這區間內）的每一點 $(0, 0, z)$，作一平面與 $z$ 軸相垂直，這平面會截到此領域 $R$，截到的那些點之面積，（我們假設）算得出來是 $A(z)$，那麼

$$Vol(R) = \int_a^b A(z)dz$$

舉個簡單的例子，設 $R$ 是半徑 $r>0$，球心在原點的球體，$R = \{(x,\ y,\ z):\ x^2+y^2+z^2 \le r^2\}$，投影在 $z$ 軸上，得區間 $[-r..r]$。那麼，在 $z$ 處的截面積就是

圓盤 $x^2+y^2 \le r^2-z^2$（半徑為 $\sqrt{r^2-z^2}$）的面積 $A(z)=\pi(r^2-z^2)$

因此

$$Vol(R) = \int_{-r}^{r} \pi(r^2-z^2)dz = \pi\int_{-r}^{r} r^2 dz - \pi\int_{-r}^{r} z^2 dz$$

$$= \pi r^2[r-(-r)] - \pi \times [\frac{r^3-(-r)^3}{3}] = \frac{4}{3}r^3$$

【乙、旋轉體之體積】設旋轉體是：

由兩條連續曲線 $y_1 = f(x)$, $y_2 = g(x)$, $(0 \le g \le f)$，以及兩條直線 $x=a$, $x=b$, $(a<b)$ 所圍成的區域（見下圖），繞 $x$ 軸旋轉所產生的立體 $R$。

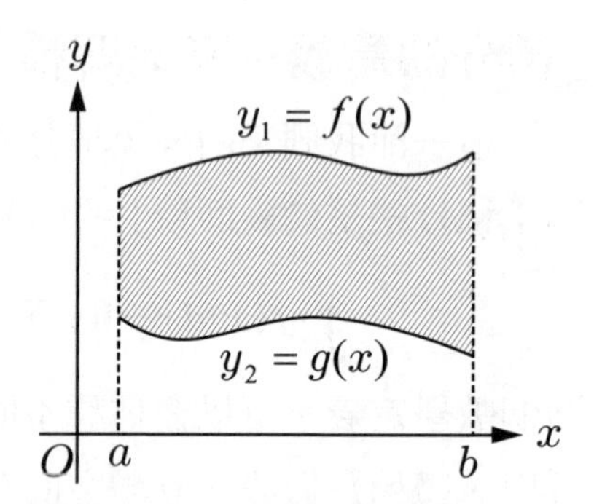


我們把這立體**投影在 $x$ 軸上**，當然是區間 $[a..b]$。

如果取這區間內的一點 $x$，作出與 $x$ 軸垂直的平面，和迴軸體 $R$ 相截，截出來的面積必定是

$$A(x)=\pi f(x)^2-\pi g(x)^2$$

因為它是（在 $yz$ 平面上看起來！）小半徑 $g(x)$ 與大半徑 $f(x)$ 所圍的兩個同心圓之間所夾的面積！

因此 $$Vol(R)=\int_a^b A(x)dx$$

$$V=\int_a^b(\pi[f(x)]^2dx-\int_a^b\pi[g(x)]^2)dx$$

$$=\pi\int_a^b([f(x)]^2-[g(x)]^2)dx$$

◆**例題 1** 求 $x^2+(y-b)^2=a^2,\ (0<a\le b)$ 繞 $x$ 軸旋轉的體積。

**解** 此旋轉體就是一個輪胎，見下圖。其體積

$$V=\pi\int_{-a}^a(b+\sqrt{a^2-x^2})^2dx-\pi\int_{-a}^a(b-\sqrt{a^2-x^2})^2dx$$

$$=\pi\int_{-a}^a 4b\sqrt{a^2-x^2}\,dx=4\pi b\int_{-a}^a\sqrt{a^2-x^2}\,dx$$

但 $\int_{-a}^a\sqrt{a^2-x^2}\,dx$ 表半徑為 $a$ 之半圓的面積，故

$$V=4\pi b\cdot\frac{\pi a^2}{2}=2\pi^2a^2b$$

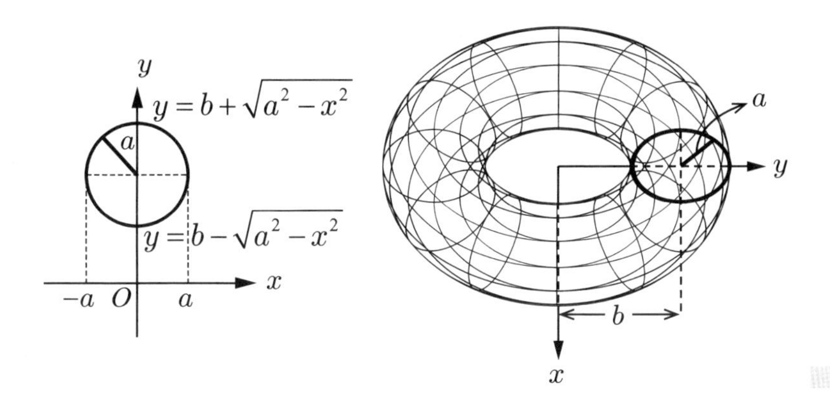


【丙、速度與里程】考慮如下的「實用題」：
一部車子通都常有**速度儀** (speedometer) 與**里程儀** (odometer)。如果這位（落後而富有的沙漠王國）王子在他們的爽快公路上行駛。糟糕，發現：里程儀壞掉故障了，速度儀倒是好好的。他要如何估計：從公路上這個大樹 $B$ 處，到那個大樹 $F$ 處，經過的里程？

速度儀會給他，$t$ 時刻車子的速度，如果 $a$ 時刻車子在 $B$ 處，而 $b$ 時刻車子到達 $F$ 處，把時間 $[a..b]$ 分割成 $n$ 段

$$\pi: a=t_0<t_1<t_2<\cdots<t_{n-1}<t_n=b$$

在每段的某一刻 $\tau_j$ $(t_{j-1}<\tau_j<t_j)$ 瞄一眼速度儀——這一瞬間速度為 $v(\tau_j)$；那麼這一小段時間中大約走了

$$v(\tau_j)\times\Delta t_j=v(\tau_j)\times(t_j-t_{j-1})$$

所以總里程大約是

$$\sum_{j=1}^{n} v(\tau_j)\times\Delta t_j$$

真正的里程應該是

$$\lim\sum_{j=1}^{n} v(\tau_j)(t_j-t_{j-1})=\int_a^b v(t)dt$$

## §5–5 微導與累積之對偶

**微積分學的根本定理**

若函數 $f$ 的導來函數是 $g$，$g(x)=\lim_{\Delta x\to 0}(\frac{f(x+\Delta x)-f(x)}{\Delta x})$，則

$$\int_a^b g(x)dx=f(b)-f(a)$$

這個定理的運動學解釋，已經在上節的最末段敘述了：自變數改用 $t$，解釋為時刻，把質點限制在一條直線上，記它在時刻 $t$ 時的位置（坐標）為 $f(t)$，則它在那一瞬間的速度為 $g(t)=f'(t)=\lim_{\Delta t\to 0}\frac{f(t+\Delta t)-f(t)}{\Delta t}$。

那麼，反過來說，質點在 $a\le t\le b$ 的這段時間內，所走的（有號）路程是

$$\lim\sum g(\tau_j)\Delta t_j=\int_a^b g(t)dt$$

應該為 $f(b)-f(a)$。

我們這裡因為設置了坐標系，在坐標直線上的速度是有正負可言的。(隨著時間增加，坐標跟著增加，則速度為正。否則為負。）當然里程 $f(b)-f(a)$ 也有正負可言。

現在我們再用坐標幾何的考慮，來解釋這個根本定理。

設曲線 $y=f(x)$ 是函數 $f$ 的圖解，那麼

$$g(x):=\lim_{\Delta x\to 0}\frac{f(x+\Delta x)-f(x)}{\Delta x}$$

表示：曲線 $\Gamma$ 在點 $(x,f(x))$ 處切線的斜率。(即「坡度」。)

從橫標 $a$ 處到橫標 $b$ 處，爬坡的高度 $f(b)-f(a)$ 可以這樣計算

$$f(b)-f(a)=\int_a^b g(x)dx$$

事實上，右側是

$$\lim\sum g(\xi_j)\Delta x_j$$

如果把區間 $[a..b]$ 分割為 $n$ 段

$$a = x_0 < x_1 < \cdots < x_{n-1} < x_n = b$$

在每一段選個 $\xi_j$, $(x_{j-1} \le \xi_j \le x_j)$ 計算切線斜率 $g(\xi_j)$，這很接近割線斜率 $\dfrac{f(x_j)-f(x_{j-1})}{x_j - x_{j-1}}$，因此 $\lim \sum g(\xi_j)(x_j - x_{j-1})$ 差不多就是 $\lim \sum [f(x_j)-f(x_{j-1})] = f(b)-f(a)$。

這個定理叫做 Newton-Leibniz 公式。當 Newton 發現了這公式時，他寫道：「我已經發現了用微導來算積分！」他的意思就是：對於 $\int_a^b g(x)dx$，我們只要找到一個 $f$，使得 $f'=g$，則積分為 $f(b)-f(a)$。定積分的問題變成不定積分（即反微導）的問題了！

以下把 $f(b)-f(a)$ 寫成 $f|_a^b$ 或 $f(x)|_a^b$。

【注意】在數學中，等號的兩邊往往可以作為互相替代（或變形）之用。但是我們要指出：很少時候等號兩邊都是有用的。例如，在公式 $\int_a^b f' = f|_a^b$ 中，左邊難算，我們就用右邊（易算）取代，而從來沒有人為了要算 $f|_a^b$ 卻用 $\int_a^b f'$ 來取代的。

根據微積分根本定理，要算 $\int_a^b g$，我們必須去找 $g$ 的反導函數 $f$，然後才能利用公式 $\int_a^b g = f(b)-f(a)$。現在問題來了，你找的 $f$ 跟他找的 $f$ 可能會不一樣（因反導函數不唯一），算出來的答案會不會一樣呢？如果不一樣就整個垮臺了！

還好！因為你找的 $f$ 跟他找的 $f$，雖可能不同，但你的 $f$ 和他的 $f$，僅差個常數，這個常數會在使用 Newton-Leibniz 公式時，互相抵消掉，因此你和他的答案相同。例如，要算

$\int_a^b x^2$，你用 $\frac{1}{3}x^3$，他用 $\frac{1}{3}x^3+2$ 當作 $x^2$ 的反導函數，那麼你算得的是

$$\int_a^b x^2 = \frac{1}{3}x^3\Big|_a^b = \frac{1}{3}(b^3-a^3)$$

他算得的是

$$\int_a^b x^3 = (\frac{1}{3}x^3+2)\Big|_a^b$$

$$= (\frac{1}{3}b^3+2)-(\frac{1}{3}a^3+2)$$

$$= \frac{1}{3}(b^3-a^3)$$

還是一樣！因此之故，我們要算定積分，大可隨便找一個反導函數，代進公式算即可。

**習　題**

1. 求 $\int_1^4 \sqrt{x}\,dx$。
2. 設 $f(x)=\dfrac{x^2}{(1+x^4)}$，試求 $\int_0^1 f'(x)dx$。

微積分學基本定理的意涵是：微導和求積分，基本上是互逆的操作。要計算積分 $\int_a^b g(x)dx$ 時，**主要的工作**變成是**反微導**，也就是：「找 $f$，使得 $f'=g$。」這個工作比較煩！是下一章的題材。

這裡有個警告：說「微導與積分是互逆的操作」，嚴格說起來，是**錯誤的**敘述！

微導這操作，會把一個**可以導微**的函數 $f$（就設為 $C^1$ 型吧），操作成一個（連續）函數 $g=f'$。所以，「反微導」的意

思當然是：「由一個（連續）**函數** $g$，去找出來一個 $C^1$ 型的**函數** $f$，使得 $f'=g$。」

「積分」呢？這個操作是把一個「可積分（設為 $C$ 型吧）的函數 $g$」，連同指定的積分區間 $[a..b]$，算出一個**積分值** $\int_a^b g(x)dx$。（這是一個實數！）所以，積分操作要如何去「反逆」呢 !? 總**不能說是**：由積分值 $\int_a^b g(x)dx$，去算出（被積分）函數 $g$；也算出積分區間 $[a..b]$ 來。於是有另一種想法，及另一個重要的定理。

假設在某個區間 $[a..b]$ 上固定了一個連續函數 $g$。那麼，對於區間內的任何兩數 $\alpha \le \beta$，我們都可以計算積分

$$\int_\alpha^\beta g(x)dx$$

這當然是兩變數函數，姑且記為 $F(\alpha, \beta)$。於是馬上看出來

$$\begin{cases} \dfrac{\partial}{\partial\beta}\displaystyle\int_\alpha^\beta g(x)dx = g(\beta) \\ \dfrac{\partial}{\partial\alpha}\displaystyle\int_\alpha^\beta g(x)dx = -g(\alpha) \end{cases}$$

這個定理我們稱之為積分域的岸界微導定理（或公式），因為 $\alpha$ 與 $\beta$ 分別是積分區間的下端與上端。這樣的公式多多少少也澄清了導微與積分的互逆（或對偶）性。

# 第 6 章 積分法

## §6–1 不定積分的基本公式

滿足 $f'=g$ 的 $f$ 稱為 $g$ 的**反導函數** (anti-derivative)，或**原始函數** (primitive function)，或叫不定積分，用符號

$$f=D^{-1}g \text{ 或 } f=\int g \text{ 表示}$$

先講存在性的問題：是否任何一個連續函數 $g$ 均有原始函數呢？答案是肯定的。其次，原始函數只有一個嗎？前此已經說過：若兩個函數具有相等的導函數，則它們可能差個常數，而且最多僅差個常數。換言之，若 $f'=h'$，則 $f=h+c$，其中 $c$ 為常數（叫做**積分常數**）。

以下，我們就忽略掉這個區別，換句話說，當兩個答案 $f=D^{-1}g$ 及 $h=D^{-1}g$ 只差個常數時，根本就認為是同一個答案！

我們知道導微很容易求，而且有一個導微公式就對應有一個反導微公式，例如 $Dx^n=nx^{n-1}$，於是令 $g(x)=x^{n-1}$, $f(x)=\frac{1}{n}x^n$，則 $f'(x)=g(x)$。但是隨便給一個 $g$，要找 $\int g$ 就往往很難，很可能你不會，我也不會，例如 $g(x)=e^{x^2}$，就找不到一個（簡單的）$f$ 使 $f'=e^{x^2}$。一個**初等函數** (elementary function)，其反導函數可能寫得出來，也可能寫不出來，前者如 $\sin x$, $xe^{x^2}$；後者如 $e^{x^2}$。因 $D^{-1}(e^{x^2})$ 不是一個簡單的初等函數！

利用導微公式，我們就可以來編一個不定積分表，要用的時候，隨時可以查。不過提醒你，世界上從來就沒有一個表，包含所有的公式！因此還是必須把握一些基本技巧。

| $Df(x)$ | $f(x)$〔積分常數不寫〕 |
|---|---|
| $x^{n-1}$ | $n^{-1}x^n$ $(n \neq 0)$ |
| $x^{-1}$ | $\ln x$ |
| $a^x \ln a$ | $a^x$ |
| $\cos x$ | $\sin x$ |
| $-\sin x$ | $\cos x$ |
| $\sec^2 x$ | $\tan x$ |
| $\sec x \tan x$ | $\sec x$ |
| $-\csc^2 x$ | $\cot x$ |
| $-\csc x \cot x$ | $\csc x$ |
| $1/\sqrt{1-x^2}$ | $\sin^{-1} x$ $(\lvert x\rvert < 1)$ |
| $1/(1+x^2)$ | $\tan^{-1} x$ |
| $1/(x\sqrt{x^2-1})$ | $\sec^{-1} x$ $(\lvert x\rvert > 1)$ |
| $1/\sqrt{1+x^2}$ | $\log(x+\sqrt{x^2+1})$ |
| $1/\sqrt{x^2-1}$ | $\log(x+\sqrt{x^2-1})$ $(\lvert x\rvert > 1)$ |
| $1/(1-x^2)$ | $\frac{1}{2}\log(\frac{1+x}{1-x})$ $(\lvert x\rvert < 1)$ |
| $-1/(x^2-1)$ | $\frac{1}{2}\log(\frac{x-1}{x+1})$ $(\lvert x\rvert > 1)$ |
| $-1/(x\sqrt{1-x^2})$ | $\log(\frac{1+\sqrt{1-x^2}}{x})$ $(\lvert x\rvert < 1)$ |
| $-1/(x\sqrt{1+x^2})$ | $\log(\frac{1+\sqrt{1+x^2}}{x})$ |

**定理**
**（疊合原則）**

(i) $\int cf = c\int f$　　　（齊性）

(ii) $\int (f+g) = \int f + \int g$　　　（加性）

換句話說，不定積分的操作是線性的！

**證 明**

設 $\int f=F, \int g=G$，則 $F'=f,\ G'=g$

由導微公式 $(cF)'=cF'=cf,\ (F+G)'=F'+G'=f+g$

得到 $\int cf=cF=c\int f$ 及 $\int (f+g)=F+G=\int f+\int g$

例：$\int (\frac{3}{x^2}+\frac{5}{\sqrt{1-x^2}})=3\int \frac{1}{x^2}+5\int \frac{1}{\sqrt{1-x^2}}$

$$=3(\frac{-1}{x})+5\arcsin(x)$$

**習 題**

1. 求下列的不定積分：

(1) $\int (1+x^2-6x)$

(2) $\int 5x^3$

(3) $\int (1+x^2)^2$

(4) $\int (\cos x+2\sin x)$

(5) $\int \frac{5}{(1+x^2)}$

2. 試問 $\int fg=\int f\cdot\int g$ 成立嗎？若不成立的話，給一個反例。

## §6–2 變數代換

導微公式中**最重要**的就是連鎖規則，在不定積分中，對應地就有**變數代換法**。先回憶一下連鎖規則：

Leibniz 發明的記號是

$$\frac{dy}{dx}=\frac{dy}{du}\frac{du}{dx}$$

此即：當 $y=F(u),\ u=\varphi(x)$ 時，$F\circ\varphi$ 對 $x$ 之導函數為

$$F'(u)\varphi'(x)$$

我們發現 Leibniz 的記號太好了，因此現在要討論反導微，也應該採用這個記號的精神，所以從此不使用 $\int g$ 的記號（因為這等於用 $\int$ 代表 $D^{-1}$）。我們認為 $g=f'$ 表示 $g(x)=\dfrac{df(x)}{dx}$，故有 $g(x)dx=df(x)$，毋寧用 $\int$ 來當作 $d^{-1}$，因此把 $D^{-1}g=f$ 記作

$$\int g(x)dx=f(x)$$

所以反導算子 $D^{-1}$ 現在寫成「夾心餅乾」的兩邊「$\int \bullet dx$」，中間是放「被積分函數」的！

【注意】使用記號 $D:=\dfrac{d}{dx}$，意思是獨立變數 $x$「絕對沒有混淆的可能」。在做不定積分（= 反導微）時，獨立變數常常要變動，因此，記號 $D$ 的使用會**增加危險**，至於 $D^{-1}$ 更是如此！

**定理**　設 $f,\ \varphi,\ \varphi'$ 都是連續函數，並且

$$\int f(x)dx=F(x)+c$$

則有

$$\int f(\varphi(x))\varphi'(x)dx=F(\varphi(x))+c$$

**證　明**

因 $\int f(x)dx=F(x)+c$，故

$$\frac{d}{dx}F(x)=F'(x)=f(x)$$

對 $F(\varphi(x))=F\circ\varphi(x)$ 使用連鎖規則，得到

$$\frac{d}{dx}[F\circ\varphi(x)]=F'(\varphi(x))\cdot\varphi'(x)=f(\varphi(x))\varphi'(x)$$

於是 $\int f(\varphi(x))\varphi'(x)dx = F(\varphi(x)) + c$，得證

這個定理的意義是：假定我們遇到的被積分函數 $\Phi(x)$ 可以寫成為兩因子的乘積，一個因子 $\varphi'(x)$ 很容易積分，積成 $\varphi(x)$，另一個因子可以湊合成 $\varphi(x)$ 的複合函數，即呈 $f(\varphi(x))$ 之形；則原來積分 $\int \Phi(x)dx = \int f(\varphi(x)) \cdot \varphi'(x)dx$ 就成為 $\int f(x)dx$ 的問題，只要做出 $\int f(x)dx = F(x)$，則 $\int \Phi(x)dx = F(\varphi(x))$。

◆**例題 1** 求 $\int 10(x^3+1)^9 3x^2 dx$。

**解** 表面看起來，這個題目似乎很難做，但是只要令 $u = x^3+1$，則 $\int 10(x^3+1)^9 3x^2 dx$ 就變成 $\int 10u^9 du$ 之形，這個問題大家都會做，答案是 $u^{10}$（因 $(u^{10})' = 10u^9$ 也），再代回變數就得到 $(x^3+1)^{10}$，因此 $\int 10(x^3+1)^9 \cdot 3x^2 dx = (x^3+1)^{10}$。註 1

◆**例題 2** 求 $\int \frac{\arctan(x)}{1+x^2} dx$。

註 1 當然考試的題目不會有 10 與 3 兩個因子！題目一定是 $\int (x^3+1)^9 x^2 dx$，而答案是 $\frac{1}{30}(x^3+1)^{10}$。

解　$\int \frac{\arctan(x)}{1+x^2}dx = \int \arctan(x)D(\arctan(x))dx$

若令 $u=\arctan(x)$，立得 $=\frac{u^2}{2}=\frac{1}{2}(\arctan(x))^2+c$

◆例題 3　求 $\int \frac{dx}{x\ln x}$。

解　$\int \frac{dx}{x\ln x} = \int \frac{1}{\ln x}D(\ln x)dx = \ln|\ln x|+c$

◆例題 4　求 $\int \sin^3(x)dx$。

解　$\int \sin^3(x)dx = \int \sin^2(x)\sin(x)dx$

$$= -\int (1-\cos^2(x))D\cos(x)dx$$

$$= \int (u^2-1)du \quad （令 \cos(x)=u）$$

$$= 3^{-1}u^3-u+c$$

$$= \frac{1}{3}\cos^3(x)-\cos(x)+c$$ 註 2

習　題 ——　$\int \cos^5(x)dx = ?$

---

註 2　這裡你已經注意到，若是一般的 $\int \sin^{(2n+1)}(x)dx$，（$n$ 是整數，而 $2n+1$ 是奇數，）那麼就可以用相同的方法算出來！那麼你想 $2n+1=-1$ 可以不可以？

現在我們可以做完三角函數之積分：

(1) $\int \tan x dx = \int \frac{\sin x}{\cos x} dx = -\int \frac{D\cos x}{\cos x} dx$

$= -\int \frac{du}{u} \quad (u = \cos x)$

$= -\ln|\cos x| + c = \ln|\sec x| + c$

(2) $\int \sec x dx = \int \frac{dx}{\cos x} = \int \frac{\cos x}{\cos^2 x} dx = \int \frac{D\sin x}{1-\sin^2 x} dx$

$= \int \frac{du}{1-u^2}$ （令 $\sin x = u$）

$= 2^{-1}\int (\frac{1}{1-u} + \frac{1}{1+u}) du$

$= 2^{-1}\int \frac{-dv}{v} + 2^{-1}\int \frac{dw}{w}$ （令 $1-u=v,\ 1+u=w$）

$= 2^{-1}(\ln w - \ln v) = 2^{-1}\ln \frac{1+u}{1-u}$

$= 2^{-1}\ln \frac{1+\sin x}{1-\sin x} = 2^{-1}\ln \frac{(1+\sin x)^2}{\cos^2 x}$

$= \ln\left|\frac{1+\sin x}{\cos x}\right|$ （積分常數略去）

(3)同理 $\int \csc x dx = \ln\left|\frac{1-\cos x}{\sin x}\right| = \ln(\tan \frac{x}{2})$ （略去常數）

◆ **例題 5** 求 $\int \frac{xdx}{1+x^4}$。

**解** 令 $u = x^2$，則 $du = 2xdx$

$\therefore \int \frac{xdx}{1+x^4} = \frac{1}{2}\int \frac{du}{1+u^2}$

$= \frac{1}{2}\arctan(u) = \frac{1}{2}\arctan(x^2)$ （略去常數）

【注意】如果我們令 $u = x^4$ 會如何呢？此時 $du = 4x^3 dx$

$\therefore x dx = \dfrac{du}{4x^2} = \dfrac{du}{4\sqrt{u}}$

於是 $\displaystyle\int \frac{x}{1+x^4} dx = \int \frac{1}{1+u} \frac{du}{4\sqrt{u}} = \frac{1}{4} \int \frac{1}{\sqrt{u} + u\sqrt{u}} du$

這變得比原問題更難做。(因此必須講究代換的技巧！)

## §6–3　參數代換

微分法的連鎖規則之重要變形是參變函數之微導。這和狹義的連鎖規則導微法外表上不同！因為前者是

$$甲：\frac{dy}{dx} = \frac{\dfrac{dy}{dt}}{\dfrac{dx}{dt}}$$

後者是

$$乙：\frac{dy}{dx} = \frac{dy}{du} \times \frac{du}{dx}$$

那麼，做反微導時，變數代換也有兩種。上節所講的是「乙的反用」，現在我們講「甲的反用」。

**定理**　設 $f(x)$, $x = \varphi(t)$，及 $\varphi'(t)$ 均為連續函數，$x = \varphi(t)$ 的反函數存在且可導微，並且

$$\int f(\varphi(t))\varphi'(t) dt = F(t) + c \qquad [1]$$

則有

$$\int f(x) dx = F(\varphi^{-1}(x)) + c \qquad [2]$$

**證　明**

對 [2] 式導微，同時注意到 [1] 式，就得到：

$$\frac{d}{dx}[F(\varphi^{-1}(x))+c]=F'(t)[\varphi^{-1}(x)]'$$

$$=f(\varphi(t))\varphi'(t)\cdot\frac{1}{\varphi'(t)}=f(x)$$

證得 [2] 式成立

換句話說，當我們要求 $\int f(x)dx$ 時，可以如下來計算：

令 $x=\varphi(t)$，作變數代換，

則 $\int f(x)dx$ 變成 $\int f(\varphi(t))\varphi'(t)dt$，算得結果為 $F(t)+c$，

再代回原變數就得到 $F(\varphi^{-1}(x))+c$。

**◆例題 1** 求 $\int\frac{dx}{\sqrt{x}+\sqrt[3]{x}}$。

**解** 作變數代換 $x=t^6$，於是

$$\int\frac{dx}{\sqrt{x}+\sqrt[3]{x}}=\int\frac{6t^5dt}{t^3+t^2}=6\int\frac{t^3}{t+1}dt$$

$$=6\int(t^2-t+1-\frac{1}{t+1})dt$$

$$=2t^3-3t^2+6t-6\ln|t+1|+c$$

$$=2\sqrt{x}-3\sqrt[3]{x}+6\sqrt[6]{x}-6\ln|\sqrt[6]{x}+1|+c$$

**習　題**

1. $I=\int\frac{x^{1/2}}{x^{3/4}+1}dx=?$

2. $I=\int\frac{x^{1/6}+1}{x^{7/6}+x^{5/4}}dx=?$

3. $I=\int\frac{dx}{1+\sqrt[3]{x+1}}=?$

當被積分函數是二次根式 $\sqrt{Ax^2+Bx+C}$ 的有理函數時，通常可以把二次式配方，化為 $a^2 \pm x^2$ 或 $x^2-a^2$，於是可以作三角函數的代換，把根號拿掉。請看如下三種典型的變換。

【型 1】求 $\int \frac{dx}{\sqrt{a^2-x^2}}$。

令 $x = a\sin t$，作變數代換，於是

$$\int \frac{dx}{\sqrt{a^2-x^2}} = \int \frac{a\cos t}{a\cos t}dt = \int dt$$

$$= t + c = \arcsin(\frac{x}{a}) + c$$

【型 2】求 $\int \frac{dx}{\sqrt{a^2+x^2}}$。

令 $x = a\tan t$，作變數代換，於是

$$\int \frac{dx}{\sqrt{a^2+x^2}} = \int \frac{a\sec^2 t}{a\sec t}dt = \int \sec t dt$$

$$= \ln\left|\sec t + \tan t\right| + c_1 \quad \text{（參考 §6－2，p.194）}$$

$$= \ln\left|\tan t + \frac{1}{a}\sqrt{a^2+a^2\tan^2 t}\right| + c_1$$

$$= \ln\left|\frac{x+\sqrt{a^2+x^2}}{a}\right| + c_1$$

$$= \ln\left|x+\sqrt{a^2+x^2}\right| + c \quad \text{（其中 } c = c_1 - \ln a\text{）}$$

【型 3】求 $\int \frac{dx}{\sqrt{x^2-a^2}}$。

作變數代換 $x = a\sec t$，於是

$$\int \frac{dx}{\sqrt{x^2-a^2}} = \int \frac{a\sec t\tan t}{a\tan t}dt$$

$$= \ln\left|\sec t + \tan t\right| + c_1$$

$$= \ln\left|x+\sqrt{x^2-a^2}\right| + c \quad \text{（其中 } c = c_1 - \ln a\text{）}$$

◆**例題 2** 求 $\int \frac{dx}{x^2\sqrt{1+x^2}}$。

**解** 令 $x=\tan t$，則

$$\text{積分} = \int \frac{\sec^2 t dt}{\tan^2 t \sec t} = \int (\sin^2 t)^{-1} \cos t dt \quad (\text{令 } \sin t = u)$$

$$= \int u^{-2} du = -u^{-1} = -\frac{1}{\sin t}$$

$$= -\frac{\sqrt{1+x^2}}{x} \quad (\text{積分常數略去})$$

**習 題** —— 求下列的不定積分：

1. $\int \frac{x^3}{\sqrt{16-x^2}} dx$ 〔提示：令 $x=4\sin t$〕
2. $\int \frac{1}{x^2+a^2} dx$ 〔提示：$x=a\tan t$〕
3. $\int \frac{dx}{x\sqrt{x^2+1}}$
4. $\int \frac{\sqrt{2x^2+3}}{x^2} dx$
5. $\int \frac{dx}{(1-x^2)^{\frac{3}{2}}}$
6. $\int \frac{x^2 dx}{\sqrt{x^2-2}}$
7. $\int \sqrt{a^2-x^2} dx$
8. $\int \frac{dx}{(x^2+a^2)^{\frac{3}{2}}}$

## §6–4　分部積分法

連鎖規則是變數代換的基礎，而 Leibniz 的乘法導微公式，乃是本節要介紹的**分部積分法**之依據。

假設 $u$, $v$ 為可導微函數，則由 Leibniz 的導微公式

$$(uv)' = u'v + uv'$$

得到
$$uv' = (uv)' - u'v$$

兩邊作不定積分的運算得

$$\int uv'dx = \int (uv)'dx - \int u'vdx$$

亦即
$$\int uv'dx = uv - \int vu'dx$$

或
$$\int udv = uv - \int vdu$$

這個分部積分法的意義就是：

把被積分函數 $\Phi(x)$ 寫成兩個因子 $u(x)$ 及 $\varphi(x)$ 之積，其中 $\varphi(x)$ 很容易積分，即是，

$$\varphi(x) = v'(x)$$

於是
$$\int \Phi(x)dx = \int u(x)\varphi(x)dx = \int u(x)v'(x)dx$$

$$= u(x)v(x) - \int u'(x)v(x)dx$$

現在的問題是 $u'(x)v(x)$ 的積分，必須「這個積分比原來的積分容易」，才有意義！

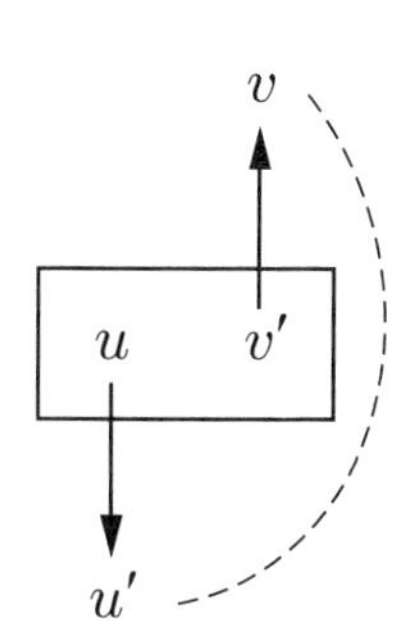


另外一個注意：如何求得 $\int u'(x)v(x)dx$？

切記：不可以寫

$$\int u'(x)v(x)dx = u(x)v(x) - \int u(x)v'(x)dx$$

這是在「兜圈子」！

◆**例題 1** 求 $\int \arctan(x)dx$。

**解** 利用分部積分公式，令 $u=\tan(x)$, $v'=1$

$$\int \underset{(\frac{1}{x^2+1})}{\underset{\downarrow}{\arctan(x)}} \cdot \overset{x}{\overset{\uparrow}{1}} dx = x \cdot \arctan(x) - \int \frac{x}{1+x^2}dx$$

現在用 $w=1+x^2$, $dw=2xdx$

馬上解決後面的積分

答案是 $x\arctan(x)-\frac{1}{2}\ln(1+x^2)+c$

◆**例題 2** 求 $\int x^2 \sin x dx$。

**解** 利用分部積分公式，令 $u=x^2$, $v'=\sin(x)$

$$\int \underset{2x}{\underset{\downarrow}{x^2}} \cdot \overset{-\cos(x)}{\overset{\uparrow}{\sin(x)}} dx = -x^2\cos(x) + \int 2x\cos(x)dx$$

於是原本含有二次式的，解消了一次！可用同樣招式去對付！

即是 $\int \underset{1}{\underset{\downarrow}{x}} \cdot \overset{\sin(x)}{\overset{\uparrow}{\cos(x)}} dx = x\sin(x) - \int \sin(x)dx$

原題的答案是 $-x^2\cos(x)+2(x\sin(x)+\cos(x))$

◆**例題 3** 求 $\int \ln(x)dx$。

**解**　$\int \underset{\substack{\downarrow \\ \frac{1}{x}}}{\ln(x)} \cdot \overset{\substack{x \\ \uparrow}}{1} x dx = x\ln(x) - \int x \cdot \frac{1}{x} dx = x\ln(x) - x + c$

◆**例題 4**　求 $\int xe^{ax}dx$。

**解**　利用分部積分法

$$\int xe^{ax}dx = \frac{1}{a}\int xde^{ax} = \frac{x}{a}e^{ax} - \frac{1}{a}\int e^{ax}dx$$

$$= \frac{x}{a}e^{ax} - \frac{1}{a^2}e^{ax} + c$$

$$= \frac{e^{ax}}{a^2}(ax-1) + c$$

◆**例題 5**　求 $\int x\arctan(x)dx$。

**解**　$\int x\arctan(x)dx = \int \arctan(x)d(\frac{x^2}{2})$　$(u = \arctan(x),\ v' = x)$

$$= \frac{x^2}{2}\arctan(x) - \frac{1}{2}\int x^2 d(\arctan(x))$$

$$= \frac{x^2}{2}\arctan(x) - \frac{1}{2}\int \frac{x^2}{1+x^2}dx$$

$$= \frac{x^2}{2}\arctan(x) - \frac{1}{2}\int (1 - \frac{1}{1+x^2})dx$$

$$= \frac{x^2}{2}\arctan(x) - \frac{1}{2}\int (x - \arctan(x)) + c$$

$$= \frac{1}{2}(x^2+1)\arctan(x) - \frac{x}{2} + c$$

## §6–5 部分分式與有理函數之積分

本節的道理非常淺顯。實際的操作一點也不難，但是有點「煩」！

以下談有理函數的不定積分法。設 $P(x)$ 與 $Q(x)$ 是兩個多項式，凡形如：

$$\frac{P(x)}{Q(x)}$$

的函數稱為**有理函數** (rational function)。譬如說

$$\frac{x^4+x^3-3x+5}{x^3+2x^2+2x+1}$$

就是一個有理函數。我們不妨假設 $P(x)$ 的次數低於 $Q(x)$，否則以 $Q(x)$ 去除 $P(x)$，即可拆解為多項式 $R(x)$ 與 $\frac{P_1(x)}{Q(x)}$ 之和，其中 $P_1(x)$ 的次數低於 $Q(x)$ 的。而 $R(x)$ 的積分毫無困難，所以我們只要考慮真分式的積分就夠了。

部分分式定理：任何真分式 $\frac{P(x)}{Q(x)}$ 分解成部分分式後，不外是下例四種類型的和：

(甲) $\frac{A}{x-a}$　　(乙) $\frac{A}{(x-a)^n}$　$(n=2,\ 3,\ \cdots)$

(丙) $\frac{Bx+C}{x^2+px+q}$　　(丁) $\frac{Bx+C}{(x^2+px+q)^n}$　$(n=2,\ 3,\ \cdots)$

其中 $A,\ B,\ C,\ a,\ p,\ q$ 都是常數。(並且我們可設 $x^2+px+q$ 沒有實根，即判別式 $p^2-4q<0$，否則(丙)、(丁)又可化約成(甲)、(乙)兩型。)

證明很簡單，但我們省去，將在下面的例子中，展示「計算方法」！

因此只要會求上面四種類型函數的不定積分，再利用疊合

原理就可以求得任何有理函數的不定積分了。

今討論㈠到㈣的不定積分。㈠、㈡兩類的不定積分我們早已會求，它們分別為：

$$\int \frac{A}{x-a}dx = A\ln|x-a|+c$$

$$\int \frac{A}{(x-a)^n}dx = -\frac{A}{(n-1)}\cdot\frac{1}{(x-a)^{n-1}}+c \quad (n=2,\ 3,\ \cdots)$$

讓我們來舉一些例子：

**例題 1**　求不定積分 $\int \frac{dx}{x^2-a^2}$。

**解**　由於 $x^2-a^2=(x+a)(x-a)$，應用未定係數法，令

$$\frac{1}{x^2-a^2}=\frac{A}{x-a}+\frac{B}{x+a}$$

從而 $1=(A+B)x+a(A-B)$，比較兩邊同次冪的係數，得

$$\begin{cases} A+B=0 \\ a(A-B)=1 \end{cases}$$

解得　$A=\frac{1}{2a},\ B=-\frac{1}{2a}$

因此　$\frac{1}{x^2-a^2}=\frac{1}{2a}(\frac{1}{x-a}-\frac{1}{x+a})$

對兩邊求不定積分，得

$$\begin{aligned}\int \frac{1}{x^2-a^2}dx &= \frac{1}{2a}(\int \frac{dx}{x-a}-\int \frac{dx}{x+a}) \\ &= \frac{1}{2a}(\ln|x-a|-\ln|x+a|)+c \\ &= \frac{1}{2a}\ln\left|\frac{x-a}{x+a}\right|+c\end{aligned}$$

**例題 2**　求 $\int \frac{x+1}{(x-1)^2(x-2)}dx$。

**解** 令 $\dfrac{x+1}{(x-1)^2(x-2)}=\dfrac{A}{x-1}+\dfrac{B}{(x-1)^2}+\dfrac{C}{x-2}$

通分得 $x+1=A(x-1)(x-2)+B(x-2)+C(x-1)^2$

依次令 $x=1,\ 2$ 得 $2=-B,\ 3=C$

比較兩邊常數項，得 $1=2A-2B+C$，於是解得

$A=\dfrac{1}{2}(1+2B-C)=\dfrac{1}{2}(1-4-3)=-3,\ B=-2,\ C=3$

因此

$$\int\frac{x+1}{(x-1)^2(x-2)}dx=-3\int\frac{dx}{x-1}-2\int\frac{dx}{(x-1)^2}+3\int\frac{dx}{x-2}$$

$$=-3\ln|x-1|+\frac{2}{x-1}+3\ln|x-2|+c$$

◆ **例題 3** 試求 $\displaystyle\int\frac{x^2}{(x-1)(x-2)(x-3)}dx$。

**解** 令 $\dfrac{x^2}{(x-1)(x-2)(x-3)}=\dfrac{A}{x-1}+\dfrac{B}{x-2}+\dfrac{C}{x-3}$，通分後，得

$$x^2=A(x-2)(x-3)+B(x-1)(x-3)+C(x-1)(x-2)\quad [1]$$

為求係數 $A,\ B,\ C$，也可以仿照上述各例的辦法，比較同冪次的係數，然後解聯立方程式。但是在這裡我們將用另一種方法來求「待定係數」，這一方法在某些特殊情況下比上述方法更為簡便。

在 [1] 式中，依次令 $x=1,\ 2,\ 3$，則得 $1=2A,\ 4=-B,\ 9=2C$

於是 $A=\dfrac{1}{2},\ B=-4,\ C=\dfrac{9}{2}$，因此

$$\int\frac{x^2}{(x-1)(x-2)(x-3)}dx$$

$$=\frac{1}{2}\int\frac{dx}{x-1}-4\int\frac{dx}{x-2}+\frac{9}{2}\int\frac{dx}{x-3}$$

$$=\frac{1}{2}\ln|x-1|-4\ln|x-2|+\frac{9}{2}\ln|x-3|+c$$

**習 題** ——

1. $\int \frac{x^2+1}{(x+1)^4}dx = ?$

2. $\int \frac{x^3+1}{x(x-1)^3}dx = ?$

3. $\int \frac{x^3}{(x-1)(x-2)(x-3)}dx = ?$

(丙)類的積分，就特殊情形

$$\int \frac{1}{x^2+1}dx = \arctan(x)$$

來做伸縮，令 $u = \frac{x}{a}$，立得

$$\int \frac{1}{x^2+a^2}dx = \frac{1}{a}\arctan(\frac{x}{a})$$

再利用平移，那麼，令 $v = x + \frac{p}{2}$。

$\int \frac{c}{x^2+px+q}dx$，可得 $\frac{c}{a}\arctan(\frac{x+\frac{p}{2}}{a})$。(但 $a = \sqrt{q - \frac{p^2}{4}}$)

**◆例題 4** 試求 $\int \frac{1}{x^2+x+1}dx$。

**解** $\int \frac{1}{x^2+x+1}dx = \int \frac{1}{(x+\frac{1}{2})^2+\frac{3}{4}}dx$

令 $x+\frac{1}{2} = \sqrt{\frac{3}{4}}u$，則 $dx = \sqrt{\frac{3}{4}}du$ 且 $u = \sqrt{\frac{4}{3}}(x+\frac{1}{2})$

於是 $\int \frac{1}{x^2+x+1}dx = \int \frac{1}{\frac{3}{4}u^2+\frac{3}{4}} \cdot \sqrt{\frac{3}{4}}du = \sqrt{\frac{4}{3}}\int \frac{du}{u^2+1}$

$$= \sqrt{\frac{4}{3}}\arctan(u)$$

$$= \sqrt{\frac{4}{3}}\arctan[\sqrt{\frac{4}{3}}(x+\frac{1}{2})]+c$$

**習　題**——　求下列之不定積分：

1. $\int \frac{dx}{x^3-1}$

2. $\int \frac{dx}{x^4(1+x^2)}$

對於 $\int \frac{Bx+C}{x^2+px+q}$ 亦即㈤類的不定積分，利用變數代換法也可求出：將 $x^2+px+q$ 配方得

$$x^2+px+q = x^2+2\cdot\frac{p}{2}x+(\frac{p}{2})^2+(q-\frac{p^2}{4})$$

$$= (x+\frac{p}{2})^2+(q-\frac{p^2}{4})$$

最後一個括號項為一正數（負判別式），不妨記為 $a^2$。現在作變數代換，令 $t = x+\frac{p}{2}$，則 $dx = dt$，於是

$$\int \frac{Bx+C}{x^2+px+q}dx = \int \frac{Bt+(C-\frac{Bp}{2})}{t^2+a^2}dt$$

$$= \frac{B}{2}\int \frac{2tdt}{t^2+a^2}+(C-\frac{Bp}{2})\int \frac{dt}{t^2+a^2}$$

$$= \frac{B}{2}\ln(t^2+a^2)+\frac{1}{a}(C-\frac{Bp}{2})\arctan(\frac{t}{a})+c$$

其中 $c$ 為不定積分常數。再把變數代回，就得到

$$\int \frac{Bx+C}{x^2+px+q}$$

$$= \frac{B}{2}\ln(x^2+px+q) + \frac{2C-Bp}{\sqrt{4q-p^2}}\arctan(\frac{2x+p}{\sqrt{4q-p^2}}) + c$$

**例題 5**　試求 $\int \frac{x}{x^2+x+1}dx$。

**解**

$$\frac{x}{x^2+x+1} = \frac{\frac{1}{2}(2x+1)-\frac{1}{2}}{x^2+x+1}$$

$$\therefore \int \frac{x}{x^2+x+1}dx$$

$$= \frac{1}{2}\int \frac{2x+1}{x^2+x+1}dx - \frac{1}{2}\int \frac{1}{x^2+x+1}dx$$

$$= \frac{1}{2}\ln\left|x^2+x+1\right| - \frac{1}{2}\sqrt{\frac{4}{3}}\arctan(\sqrt{\frac{4}{3}}(x+\frac{1}{2})) + c$$

**習　題**　求下列之不定積分：

1. $\int \frac{(5x^2-1)dx}{(x^2+3)(x^2-2x+5)}$
2. $\int \frac{4dx}{x^4+1}$
3. $\int \frac{2x^2+x+3}{(x+1)(x^2+1)}dx$

我們接續上面的討論，作(丁)類的不定積分，今利用同樣的變數代換（配方法），得

$$\int \frac{Bx+C}{(x^2+px+q)^n} = \frac{B}{2}\int \frac{2tdt}{(t^2+a^2)^n} + (C-\frac{Bp}{2})\int \frac{dt}{(t^2+a^2)^n}$$

右式第一項的不定積分很容易算出：

$$\int \frac{2tdt}{(t^2+a^2)^n} = -\frac{1}{n-1}\cdot\frac{1}{(t^2+a^2)^{n-1}} + c$$

對於第二項不定積分，可求得如下的漸化公式

$$I_n = \int \frac{dt}{(t^2+a^2)^n} = \frac{1}{a^2}\int \frac{(t^2+a^2)-t^2}{(t^2+a^2)^n}dt$$

$$= \frac{1}{a^2}\int \frac{t^2+a^2}{(t^2+a^2)^n}dt - \frac{1}{a^2}\int \frac{t^2}{(t^2+a^2)^n}dt$$

$$= \frac{1}{a^2}\int \frac{dt}{(t^2+a^2)^{n-1}} + \frac{1}{2a^2(n-1)}\int td(\frac{1}{(t^2+a^2)^{n-1}})$$

$$= \frac{1}{a^2}I_{n-1} + \frac{1}{2a^2(n-1)}\cdot\frac{t}{(t^2+a^2)^{n-1}} - \frac{1}{2a^2(n-1)}\int \frac{dt}{(t^2+a^2)^{n-1}}$$

(分部積分)

$$= \frac{1}{a^2}I_{n-1} + \frac{1}{2a^2(n-1)}\cdot\frac{t}{(t^2+a^2)^{n-1}} - \frac{1}{2a^2(n-1)}I_{n-1}$$

$$= \frac{t}{2a^2(n-1)(t^2+a^2)^{n-1}} + \frac{2(n-1)-1}{2a^2(n-1)}I_{n-1} \qquad [2]$$

但是我們已經算出過

$$I_1 = \int \frac{dt}{t^2+a^2} = \frac{1}{a}\arctan(\frac{t}{a}) + c_1$$

於是按照上面的漸化公式，由 $I_1$ 可推求出 $I_2$：

$$I_2 = \frac{1}{2a^2}\frac{t}{(t^2+a^2)} + \frac{1}{2a^3}\arctan(\frac{t}{a}) + c_1$$

從而再推求出 $I_3$ 為：

$$I_3 = \frac{1}{4a^2}\cdot\frac{t}{(t^2+a^2)^2} + \frac{3}{8a^4}\cdot\frac{t}{t^2+a^2} + \frac{3}{8a^5}\arctan(\frac{t}{a}) + c_2$$

依次類推就可求得我們所要求的不定積分了。

◆**例題 6**　求 $\int \frac{2x+2}{(x-1)(x^2+1)^2}dx$。

**解**　先把真分式表為部分分式。設

$$\frac{2x+2}{(x-1)(x^2+1)^2}=\frac{A_1}{x-1}+\frac{B_1x+C_1}{x^2+1}+\frac{B_2x+C_2}{(x^2+1)^2}$$

右邊通分，再比較兩端分子同次冪係數，得到下面的方程組：

$$\begin{cases} A_1+B_1=0 \\ C_1-B_1=0 \\ 2A_1+B_2+B_1-C_1=0 \\ C_2+C_1-B_2-B_1=2 \\ A_1-C_1-C_2=2 \end{cases}$$

解之，得 $A_1=1,\ B_1=-1,\ C_2=0,\ B_2=-2,\ C_1=-1$

因此 $\int \frac{2x+2}{(x-1)(x^2+1)^2}dx$

$$=\int \frac{dx}{x-1}-\int \frac{x+1}{x^2+1}dx-\int \frac{2x}{(x^2+1)^2}dx$$

$$=\ln|x-1|-\int \frac{x}{x^2+1}dx-\int \frac{1}{x^2+1}dx-\frac{1}{x^2+1}$$

$$=\ln|x-1|-\frac{1}{2}\ln(x^2+1)-\arctan(x)-\frac{1}{x^2+1}+c$$

**習　題**

1. $\int \frac{3x+2}{(x^2+x+1)^2}dx=?$

2. $\int \frac{x^2dx}{(x+2)^2(x+4)^2}=?$

3. $\int \frac{2xdx}{(1+x)(1+x^2)^2}=?$

## §6–6 反求位勢

我們討論多自變數微分法的時候，曾經談到求「全微分」。這就是說，給了一個多變數函數，例如三變數函數$\varphi(x, y, z)$，就可以算出各個偏導函數

$$f(x, y, z)=\frac{\partial\varphi}{\partial x},\ g(x, y, z)=\frac{\partial\varphi}{\partial y},\ h(x, y, z)=\frac{\partial\varphi}{\partial z} \qquad [1]$$

於是

$$d\varphi(x, y, z)=f(x, y, z)dx+g(x, y, z)dy+h(x, y, z)dz \ [2]$$

叫做 $\varphi$ 的**全微分**。

所以，反向的問題自然就出現了：如果給三個（三變元的）函數

$$f(x, y, z),\ g(x, y, z),\ h(x, y, z)$$

是否可以找到 $\varphi(x, y, z)$，使得 [1] 式及 [2] 式成立？

我們先談兩變數的情形。那麼問題是：給了函數 $f(x, y)$ 及 $g(x, y)$，要找函數 $\varphi(x, y)$，使得

$$f(x, y)=\frac{\partial\varphi}{\partial x},\ g(x, y)=\frac{\partial\varphi}{\partial y} \qquad [3]$$

也就是 $$d\varphi(x, y)=f(x, y)dx+g(x, y)dy \qquad [4]$$

**偏導微順序可換定理**

若函數 $\varphi\in C^2$，那麼

$$\frac{\partial}{\partial x}(\frac{\partial}{\partial y}\varphi)=\frac{\partial}{\partial y}(\frac{\partial}{\partial x}\varphi) \qquad [5]$$

【注意】習慣上我們寫成

$$\frac{\partial}{\partial x}(\frac{\partial}{\partial y}\varphi)=\frac{\partial^2\varphi}{\partial x\partial y},\ \frac{\partial}{\partial y}(\frac{\partial}{\partial x}\varphi)=\frac{\partial^2\varphi}{\partial y\partial x}$$

[5] 式是說分母的 $\partial x$ 與 $\partial y$，順序可換。

結論是：必須函數 $f$ 與 $g$ 滿足了**和諧條件**

$$\frac{\partial f}{\partial y}=\frac{\partial g}{\partial x}$$

才可以找到這樣的函數 $\varphi$。

【備註】這個必要條件幾乎也就是充分條件了。

◆**例題 1**　求函數 $\varphi(x, y)$，使得 $d\varphi(x, y)=(2x-y+1)dx+(2y-x-1)dy$。

**解**　因為 $\frac{\partial}{\partial y}(2x-y+1)=-1,\ \frac{\partial}{\partial x}(2y-x-1)=-1$

故和諧條件成立！

今考慮(i) $\frac{\partial\varphi}{\partial x}=2x-y+1$

將它「對 $x$」作**偏（不定）積分**，也就是說，把 $y$ 看成常數，那麼

$$\varphi(x, y)=x^2-yx+x+C_1$$

這裡的積分常數 $C_1$ 是（可以）含有 $y$ 的，因為在 $\frac{\partial}{\partial x}$ 時，$y$ 被當做常數！

於是我們再去考慮(ii) $\frac{\partial\varphi}{\partial y}=2y-x-1$

那麼，將剛剛的 $\varphi$ 代入，得到 $-x+\frac{d}{dy}C_1(y)=2y-x-1$

換句話說，必須讓 $\frac{d}{dy}C_1(y)=2y-1$

即 $C_1(y)=\int(2y-1)dy=y^2-y+C_2$

答案是：$\varphi(x, y)=x^2-yx+x+y^2-y+C_2$

這裡的積分常數就不會含有 $x$ 與 $y$ 了

**習　題**—— 求$\varphi(x, y)$使得$d\varphi(x, y)=(x+\frac{1}{\sqrt{y^2-x^2}})dx+(y-\frac{x}{y\sqrt{y^2-x^2}})dy$。

回到原先的三變數問題，[1]。和諧性條件現在是對三個自變數 $x, y, z$ 的**任意一對**都必須成立。如此，要找出 $\varphi$，就會煩得多！不過，只要脾氣好，這是很「容易的」，只是**偏（不定）積分**要做三次而已！

◆**例題 2** 求$\varphi(x, y, z)$，使得

$$\frac{\partial\varphi}{\partial x}=2xy^3z^4+y\cos(xy)-z\sin(zx)\cdots ①$$

$$\frac{\partial\varphi}{\partial y}=3x^2y^2z^4+x\cos(xy)-3y^2z\quad\cdots ②$$

$$\frac{\partial\varphi}{\partial z}=4x^2y^3z^3-x\sin(zx)-y^3\quad\cdots ③$$

**解** 由①對 $x$ 偏積分

$$\varphi(x, y, z)=x^2y^3z^4+\sin(xy)+\cos(zx)+C_1(y, z)$$

$C_1$ 對 $x$ 是常數，但卻是 $(y, z)$ 的函數

代入②，則

$$\frac{\partial C_1}{\partial y}=-3y^2z$$

故 $$C_1=-y^3z+C_2(z)$$

$C_2$ 對 $xy$ 是常數，卻是 $z$ 的函數

因此，將

$$\varphi(x, y, z)=x^2y^3z^4+\sin(xy)+\cos(zx)-y^3z+C_2(z)$$

代入③，「得 $C_2(z)=C_2$ 是真正常數！」

**習　題**—— 求 $\varphi$ 使得 $\frac{\partial\varphi}{\partial x}=\frac{3x^2}{x^2+z^2}$, $\frac{\partial\varphi}{\partial y}=\frac{-2x^3y}{(y^2+z^2)^2}$, $\frac{\partial\varphi}{\partial z}=\frac{-2x^3z}{(y^2+z^2)^2}$

# 第 7 章　積分補遺

## §7–1　瑕積分

我們已定義過定積分 $\int_I f$，當 $f$ 是足夠良好的函數，而 $I$ 是良好的一個範圍時。例如說 $I$ 是**有界**閉區間 $[a..b]$，$f$ 是 $I$ 上的連續函數——因而**有界**。我們現在要去掉有界性的限制，這就得到「瑕積分」的概念。

例：$\int_0^1 \frac{dx}{\sqrt{1-x^2}}$。

被積分函數是 $\frac{1}{\sqrt{1-x^2}}$，在 $x \to 1$ 時，當然會趨近無窮大。因此我們說 $x=1$ 是這個積分的奇（異）點，在積分域 $[0..1]$ 中，這是唯一的奇異點。這**積分式**叫做**瑕積分**。

那麼該怎麼**定義**這個瑕積分呢？如果取任一數 $b$，只要 $0<b<1$，我們都可以計算 $\int_0^b \frac{1}{\sqrt{1-x^2}}dx$，於是定義

$$\int_0^1 \frac{1}{\sqrt{1-x^2}}dx = \lim_{b\uparrow 1}\int_0^b \frac{1}{\sqrt{1-x^2}}dx$$

這一題當然太簡單，因為

$$\int_0^b \frac{1}{\sqrt{1-x^2}}dx = \arcsin(b)$$

所以極限存在。我們說瑕積分「存在」或「收斂」。

$$\text{瑕積分} \int_0^1 \frac{1}{\sqrt{1-x^2}}dx = \frac{\pi}{2}$$

【注意】如果是瑕積分式 $\int_{-1}^1 \frac{1}{\sqrt{1-x^2}}dx$ 呢？現在左端 $x=-1$ 與

右端 $x=1$ 都是**奇點**。瑕積分**應該定義成**

$$\lim_{a\downarrow -1,\ b\uparrow 1}\int_a^b \frac{1}{\sqrt{1-x^2}}dx = \lim[\arcsin(b)-\arcsin(a)] = \pi$$

◆ **例題 1** 試計算下列積分 $\int_0^1 \sqrt{\frac{x}{1-x}}dx$。

**解** 今奇點為 $x=1$

設 $\sqrt{\frac{x}{1-x}}=t$，則

$$\int \sqrt{\frac{x}{1-x}}dx = -\sqrt{x(1-x)} + \arctan(\sqrt{\frac{x}{1-x}}) + c$$

因此，ε 為很小之正數時，因 $\arctan(\sqrt{\frac{1-\varepsilon}{\varepsilon}}) \to \frac{\pi}{2}$

$$\therefore \int_0^{1-\varepsilon} \sqrt{\frac{x}{1-x}}dx = (-\sqrt{x(1-x)} + \arctan(\sqrt{\frac{x}{1-x}}))\Big|_0^{1-\varepsilon}$$

$$= -\sqrt{\varepsilon(1-\varepsilon)} + \arctan(\sqrt{\frac{1-\varepsilon}{\varepsilon}})$$

故 $\int_0^1 \sqrt{\frac{x}{1-x}}dx = \frac{\pi}{2},\ (\varepsilon \to 0)$

答案：$\frac{\pi}{2}$

如果函數 $f$ 很好，但是積分域無界，那麼也得到**瑕積分**，而奇點則是 $+\infty$ 或 $-\infty$（或兩者）。更清楚些，若 $a, b$ 為任何實數，則

定義 $\int_a^\infty f = \lim_{b\uparrow\infty}\int_a^b f$（如果右邊存在）。（$+\infty$ 是奇點）

同理 $\int_{-\infty}^b f = \lim_{a\downarrow-\infty}\int_a^b f$（如果右邊存在）。（$-\infty$ 是奇點）

例：$\int_1^\infty \frac{dx}{x^p} = \lim_{b\to\infty}\int_1^b \frac{dx}{x^p} = \lim_{b\to\infty}\frac{1}{p-1}(\frac{1}{1^{p-1}} - \frac{1}{b^{p-1}})$

$= \frac{1}{p-1},\ (p>1)$

但　$\int_1^\infty \frac{dx}{x} = \lim_{b\to\infty}\int_1^b \frac{dx}{x} = \lim_{b\to\infty}(\ln b)$ 不存在，即**發散**。

**例題 2**　求瑕積分 $\int_1^\infty \frac{dx}{x(1+x)}$。

**解**　今 $\int \frac{dx}{x(1+x)} = \int (\frac{1}{x} - \frac{1}{1+x})dx = \ln\left|\frac{x}{1+x}\right| + c$

所以，$\omega$ 為相當大之正數時

$\int_1^\omega \frac{dx}{x(1+x)} = (\ln\left|\frac{x}{1+x}\right|)\Big|_1^\omega = \ln\frac{\omega}{1+\omega} - \ln\frac{1}{2}$

$\omega \to \infty$ 時，因 $\ln\frac{\omega}{1+\omega} \to 0$

$\therefore \int_1^\infty \frac{dx}{x(1+x)} = \ln 2$

**例題 3**　求 $\int_0^\infty e^{-ax}\cos(bx)dx$ 及 $\int_0^\infty e^{-ax}\sin(bx)dx,\ (a>0)$。

**解**　$\int_0^p e^{-ax}\cos(bx)dx = \frac{a}{a^2+b^2} - \frac{a\cos(bp) - b\sin(bp)}{a^2+b^2}e^{-ap}$

$p\to\infty$ 時，$\int_0^\infty e^{-ax}\cos(bx)dx = \frac{a}{a^2+b^2}$

同理 $\int_0^\infty e^{-ax}\sin(bx)dx = \frac{b}{a^2+b^2}$

有時候遇到的問題，只是在判定瑕積分的收斂抑或發散。所以我們做一些註解。

⑴如果被積分函數有許多奇點，我們必須把積分範圍分成數段，每段只在一端有奇點，就可以討論斂散性——必須每段的瑕積分收斂，才叫收斂。

⑵絕對收斂原理

對於連續函數 $f$，如果**瑕積分** $\int_I |f(x)|dx$ 收斂，那麼，瑕積分 $\int_I f(x)dx$ 就收斂。

⑶比較原理

對於連續函數 $f$ 與 $g$，如果 $|f(x)| \le |g(x)|$，而瑕積分 $\int_I |g(x)|dx$ 收斂，則 $\int_I |f(x)|dx$ 也收斂。

例：$\int_1^\infty x^k e^{-x} dx$ 收斂。因為，不管 $k$ 是多少，只要取夠大的 $a$，

就可以讓：$x^k e^{\frac{-x}{2}} < 1$，當 $x > a$。

於是在 $[a..\infty)$ 上，$x^k e^{\frac{-x}{2}} \cdot e^{\frac{-x}{2}} < e^{\frac{-x}{2}}$。那麼：

因為瑕積分 $\int_a^\infty e^{\frac{-x}{2}} dx$ 收斂，可知 $\int_a^\infty x^k e^{-x} dx$ 也收斂。

當然 $\int_1^\infty x^k e^{-x} dx$ 也就收斂了。

◆**例題 4**　試證 $\int_0^\infty x^k e^{-x} dx$ 在 $k > -1$ 時收斂。

**證**　若 $k \ge 0$，瑕積分的奇點只有 $\infty$。這已經證明收斂如上例。

若 $0 > k > -1$，則**另有奇點在** $x = 0$。

不過，若 $0 > k > -1$，則瑕積分 $\int_0^1 x^k dx$ 收斂（到 $\frac{1}{k-1}$）。

因此 $\int_0^1 x^k e^{-x} dx$ 也收斂。($x^k e^{-x} < x^k$，於此區間內！)

## §7–2　二維積分

如果 $\Omega$ 是個**矩形領域**，即是

$\{(x, y): a_1 \le x \le b_1,\ a_2 \le y \le b_2\}$。

二維積分　$\iint_{\Omega} f(x, y)dxdy$

也可以用分割採樣的 Riemann 和

$$\sum\sum f(\xi_{ij}, \eta_{ij})\Delta x_i \Delta y_j$$

的極限來定義。這裡的分割是指

$$\pi: \begin{cases} x_0 = a_1 < x_1 < x_2 < \cdots < x_m = b_1 \\ y_0 = a_2 < y_1 < y_2 < \cdots < y_n = b_2 \end{cases}$$

樣本點 $(\xi_{ij}, \eta_{ij})$ 滿足了 $x_{i-1} \le \xi_{ij} \le x_i,\ y_{j-1} \le \eta_{ij} \le y_j$，

$\Delta x_i = x_i - x_{i-1},\ \Delta y_j = y_j - y_{j-1}$

$\pi$ 的**粗糙度**是指 $\Delta x_1, \Delta x_2, \cdots, \Delta x_m, \Delta y_1, \cdots, \Delta y_n$ 的最大。

如果被積分函數 $f(x, y)$ 正值有界，則積分

$$\iint_{\Omega} f(x, y)dxdy$$

有簡單的幾何解釋：畫出（立體解析幾何的）曲面

$$S: z = f(x, y),\ a_1 \le x \le b_1,\ a_2 \le y \le b_2$$

這是指「曲面 $S$ 之下，坐標面 $z=0$ 之上，而 $x, y$ 限於矩形 $\Omega$ 內的這塊立體區域」

$$R: 0 \le z \le f(x, y),\ a_1 \le x \le b_1,\ a_2 \le y \le b_2$$

之體積。如下圖之(甲)。

於是有**重積分的原理**

$$\iint_{\substack{a_1 \le x \le b_1 \\ a_2 \le y \le b_2}} f(x, y)dxdy = \int_{a_1}^{b_1} \left(\int_{a_2}^{b_2} f(x, y)dy\right)dx \qquad (乙)$$

$$= \int_{a_2}^{b_2} \left(\int_{a_1}^{b_1} f(x, y)dx\right)dy \qquad (丙)$$

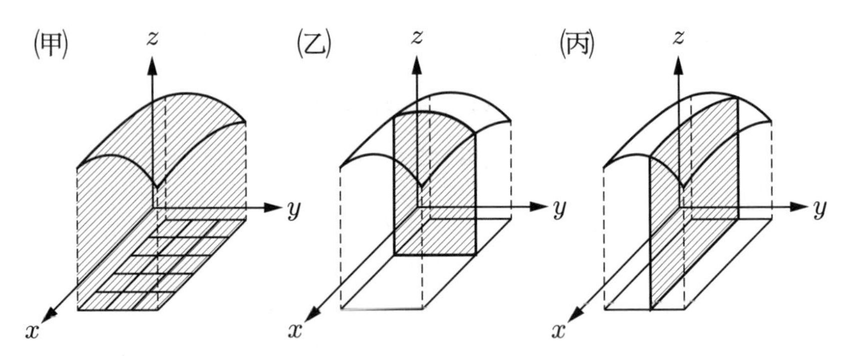


這裡的(乙)與(丙)都是**先做一次偏積分**，（得到了圖中的面積！）然後再做一維積分。

◆**例題 1**　求 $\iint_{\Omega} \frac{dxdy}{x+y}$, $\Omega = [0..1] \times [1..2]$。

**解**　$\iint_{\Omega} = \int_0^1 (\int_1^2 \frac{dy}{x+y})dx$

今固定 $x$

$$\int_1^2 \frac{dy}{x+y} = \ln(x+y)\Big|_{y=1}^{y=2} = \ln(2+x) - \ln(1+x)$$

因此　$\iint_{\Omega} = \int_0^1 [\ln(2+x) - \ln(1+x)]dx$

但是　$\int \ln(u)du = u\ln(u) - u + c$（分部積分！）

於是　$\int_0^1 [\ln(2+x) - \ln(1+x)]dx$

$$= [(2+x)\ln(2+x) - (2+x) - (1+x)\ln(1+x) + (1+x)]\Big|_0^1$$

$$= 3\ln(3) - 2\ln(2) - 2\ln(2) = \ln(\frac{27}{16})$$

**問　題** —— 如果 $\Omega'$ 是平面上的一個領域，但形狀不是（螢幕的）矩形，如何定義積分 $\iint_{\Omega'} f(x, y)dxdy$？

**答** ——

我們用一個矩形 $\Omega$ 去遮蓋 $\Omega'$，然後規定：當點 $(x, y)$ 不屬於 $\Omega'$ 時，函數值 $f(x, y)=0$。那麼就可以令

$$\iint_{\Omega'} f(x, y)dxdy = \iint_{\Omega} f(x, y)dxdy$$

◆**例題 2**　求 $\iint_{D'}(3x^2y+4xy^2)$，$D'$ 為 $9 \le x^2+y^2 \le 25$。

**解**　取 $D=D_1 \times D_2=[-5..5]\times[-5..5]$ 罩住 $D'$

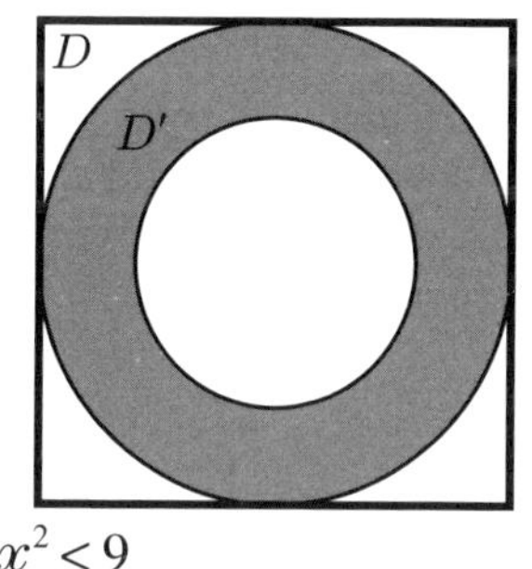


$$g(x)=\int_{D_2} f(x, y)dy$$

$$=\begin{cases} \frac{8}{3}x(25-x^2)^{\frac{3}{2}}\text{，當 } 25 \ge x^2 \ge 9 \\ \frac{8}{3}x[(25-x^2)^{\frac{3}{2}}-(9-x^2)^{\frac{3}{2}}]\text{，當 } x^2<9 \end{cases}$$

再做 $\int_{D_1} g(x)dx$ 就好了，今 $D_1=[-5..5]$

則得

$$I=\int_{-5}^{5} g(x)=(\int_{-5}^{-3} g+\int_{+3}^{5} g)+\int_{-3}^{3} g$$

$$=\{\int_{-5}^{-3}+\int_{3}^{5}\}\{\frac{8}{3}x(25-x^2)^{\frac{3}{2}}\}$$

$$+\int_{-3}^{3}\frac{8}{3}x[(25-x^2)^{\frac{3}{2}}-(9-x^2)^{\frac{3}{2}}]$$

$$=0$$

**習 題** —— 求下列兩重積分：

1. $\iint\limits_{\Omega}\frac{dxdy}{(x+y)^2}$, $\Omega=[0..1]\times[1..2]$

2. $\iint\limits_{\Omega}y^2\sin(xy)dxdy$, $\Omega=[0..2\pi]\times[0..1]$

◆**例題 3** 令 $\Omega$ 為平面領域，$\Omega=\{(x, y): x^2+y^2\le 9\}$，求 $\iint\limits_{\Omega}e^{-(x^2+y^2)}dxdy$。

這就導致極坐標的使用了 。 也就是 ： 把平常的卡氏坐標 $(x, y)$ 利用

$$r=\sqrt{x^2+y^2}\ （>0，除非在原點）$$

及

$$\cos\theta=\frac{x}{r},\ \sin\theta=\frac{y}{r}$$

定出 $(r, \theta)$；稱 $r$ 為向徑長，$\theta$ 為輻角。($\theta$ 不必完全確定：相差 $2n\pi$，周角整倍數，則幾何上並無分別！)

在平面幾何中，使用極坐標來表示平面圖形，有時會非常方便！在這例子中，$\Omega$ 就可以表示成 $\widetilde{\Omega}: 0\le r\le 3,\ 0\le\theta\le 2\pi$。(輻角 $\theta$ 其實是對 $2\pi$ 有週期性)

那麼我們就用得上極坐標的**微分面積原理：**

採用極坐標時，向徑長 $r$ 的無限小的變化，與輻角 $\theta$ 的無限小變化，在平面上會畫出一個微分的矩形。兩邊長分別是 $dr$ 與 $rd\theta$，因此微分矩形的面積就是

$$(rd\theta)\times dr\ （用這個代替\ dxdy）$$

其幾何意義如圖。

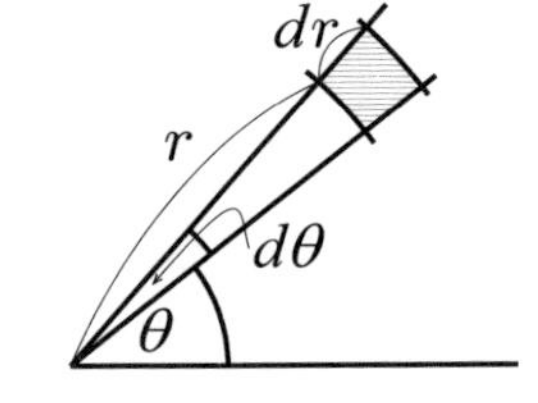


**解** 回到原來的例題 3，此地就是要計算

$$\iint\limits_{\widetilde{\Omega}}e^{-r^2}(rdrd\theta)=\int_0^3\left(\int_0^{2\pi}e^{-r^2}rd\theta\right)dr$$

$$= 2\pi\int_0^3 e^{-r^2} r\,dr \text{（令 } v = r^2,\ 0 \le v \le 9\text{）}$$

$$= \pi\int_0^9 e^{-v} dv = \pi(1 - e^{-9})$$

**習　題** —— 計算 Gauss 積分 $\int_{-\infty}^{\infty} e^{-x^2} dx$。

〔提示：令之為 $I = \int_{-\infty}^{\infty} e^{-x^2} dx = \int_{-\infty}^{\infty} e^{-y^2} dy > 0$

因此 $I^2 = (\int_{-\infty}^{\infty} e^{-x^2} dx)(\int_{-\infty}^{\infty} e^{-y^2} dy) = \iint_{\mathbb{R}^2} e^{-(x^2+y^2)} dxdy$，再用極坐標計算！〕

## §7–3　一階常微分方程式：可分離變數型

如果一個方程式含有一個**未知函數** $y = f(x)$ 與它的導函數 $\frac{dy}{dx} = f'(x)$，這就叫做一階常微分方程式，求解的目的就在於找到 $f(x)$ 使方程式變成 $x$ 的恆等式。

例如所謂

$$\frac{dy}{dx} = \alpha y$$

的解答就是

$$y = Ae^{\alpha x} \text{（} A \text{ 為任意常數）}$$

我們只提出一種特殊形式之一階微分方程來討論：**可分離變數型**。

如果微分方程式 $\frac{dy}{dx} = f(x, y)$ 能變成 $f_1(x)dx + f_2(y)dy = 0$，其中 $dx$ 之係數 $f_1(x)$ 僅為 $x$ 之函數，$dy$ 之係數 $f_2(y)$ 僅為 $y$ 之函數，這就叫做可分離變數之情形。

◆**例題 1** 解 $\dfrac{dy}{dx}=xy$。

**解** 由觀察知，我們可以分離變數而得到

$$\frac{1}{y}dy=xdx$$

兩邊積分，得

$$\ln y=\frac{1}{2}x^2+c$$

所以

$$y=c_1e^{\frac{x^2}{2}}\text{，其中 } c_1=e^c$$

在此，$c_1$ 為一未定之常數

◆**例題 2** 解 $xy\dfrac{dy}{dx}+x^2=0$。

**解** 兩邊除以 $x$（假設 $x\neq 0$），分離變數，得

$$ydy+xdx=0$$

積分，得

$$\frac{y^2}{2}+\frac{x^2}{2}=c$$

或是

$$x^2+y^2=2c$$

◆**例題 3** 解 $\dfrac{dy}{dx}=e^{x-y}$。

**解** 分離變數成

$$e^y dy=e^x dx$$

積分，得

$$e^y=e^x+c$$

**習　題**——— 解下列諸微分方程：

1. $\frac{dy}{dx}=\frac{x}{y}$
2. $\frac{dy}{dx}=e^{x+y}$
3. $(1+x^2)\frac{dy}{dx}=1+y^2$
4. $(1-x^2)\frac{dy}{dx}+(1-y^2)=0$
5. $y\frac{dy}{dx}=\sin x+x$
6. $\frac{dy}{dx}+e^x+ye^x=0$
7. $x\frac{dy}{dx}+y^2=y$

最後我們考慮一階**齊次係數型微分方程**，把它化成變數分離型。這就是說，所給的一階微分方程式可以寫成

$$f_1(x, y)dx+f_2(x, y)dy=0$$

的形狀，而這兩個係數 $f_1(x, y)$ 及 $f_2(x, y)$ 均為 $n$ 次齊次函數，也就是說：

$$\begin{cases} f_1(\lambda x, \lambda y)=\lambda^n f_1(x, y) \\ f_2(\lambda x, \lambda y)=\lambda^n f_2(x, y) \end{cases}$$

（當 $x$ 與 $y$ 都伸脹 $\lambda$ 倍時，$f_1$, $f_2$ 都伸脹了 $\lambda^n$ 倍。）那麼你只要令 $y=vx$，把原方程式改為 $v$ 與 $x$ 的微分方程，那一定是可分離變數型！

◆**例題 4** 解 $(x+y)dx-(x-y)dy=0$。

**解** 令 $y=vx$，則 $dy=vdx+xdv$

$$\frac{x+vx}{x-vx}dx-(vdx+xdv)=0$$

$$\frac{1-v}{1+v^2}dv=\frac{1}{x}dx$$

積分，得

$$\arctan(v)-\frac{1}{2}\ln(1+v^2)=\ln(x)+c$$

亦即

$$\arctan(\frac{y}{x})=\ln(\sqrt{x^2+y^2})+c$$

**習　題** —— 解下列微分方程：

1. $(y+x)dx+(x+2y)dy=0$
2. $2xydx+(x^2+y^2)dy=0$
3. $y^2+(xy+x^2)\dfrac{dy}{dx}=0$
4. $(2x^2-y^2)dx+x^2dy=0$

# 習題參考答案

p.47

$x=\cos^3(t),\ y=\sin^3(t),\ 0\le t\le 2\pi$

p.59

1. $\frac{1}{2}$
2. $\frac{1}{3}$
3. $\frac{1}{4}$
4. $\frac{1}{5^5}$
5. $\frac{m}{n}$
6. $\frac{-1}{16}$
7. 有點難，利用反有理化

$$\frac{\sqrt{x}-\sqrt{a}}{\sqrt{x^2-a^2}}$$

$$=\frac{(\sqrt{x}-\sqrt{a})(\sqrt{x}+\sqrt{a})}{\sqrt{x}+\sqrt{a}}\cdot\frac{1}{\sqrt{x-a}\sqrt{x+a}}$$

$$=\frac{\sqrt{x-a}}{(\sqrt{x}+\sqrt{a})\cdot\sqrt{x+a}}$$，極限為 0

另一項 $\frac{\sqrt{x-a}}{\sqrt{x^2-a^2}}=\frac{1}{\sqrt{x+a}}$

極限為 $\frac{1}{\sqrt{2a}}$

答：$\frac{1}{\sqrt{2a}}$

p.69

對

p.69

若 $f(x)=Ax^{2m+1}$ + 低次冪，$A\neq 0$

則當 $x$ 是很大很大的正數時，$f(x)$ 的正負是由 $A$ 決定的！(與 $A$ 相同！)

反之，若 $x$ 是很大很大的負數時，$f(x)$ 的正負號與 $A$ 相反！

故由勘根定理知 $f(x)=0$ 有一實根！

p.95

1. $e^x+e^{-x}$
2. $\frac{2\ln(x)}{x}$
3. $1+\ln(x)$

p.96

1. $\frac{1}{x+1}$
2. $\frac{2\ln(x)}{x(1+x^2)}-\frac{2x(\ln(x))^2}{(1+x^2)^2}$
3. $\frac{2x+3}{x^2+3x-5}$
4. $\frac{2}{x}+\cot(x)$
5. $e^{-3x^2}(-6x)$

6. $e^{(x^5+x^4+2x^2)}\cdot(5x^4+4x^3+4x)$

7. $5^{3x-2}\cdot 3\ln(5)$

8. $3^{\sin(x)}\cdot\ln(3)\cos(x)$

p.100

1. $D(\frac{\cos x}{\sin x})$

$=\frac{\sin x(-\sin x)-\cos x(\cos x)}{\sin^2(x)}$

$=\frac{-1}{\sin^2 x}=-\csc^2 x$

2. $D\sec x=D\frac{1}{\cos x}=\frac{-(-\sin x)}{\cos^2 x}$

$=\sec x\tan x$

3. $D\csc x=D\frac{1}{\sin x}=\frac{-\cos x}{\sin^2 x}$

$=-\csc x\cot x$

p.101

1. $\frac{b+a\cos(x)}{(a+b\cos(x))^2}$

2. $\frac{\cos^3(x)-\sin^3(x)}{(\sin(x)+\cos(x))^2}$

3. $\cos(x)+\sin(x)$

4. $\sec(x)\tan(x)+\sin(x)$

5. $\sec^2(5x^2)\cdot 10x$

6. $\frac{-1}{2\sqrt{x}}\sin(\sqrt{x})$

7. $\frac{-\sin(x)}{2\sqrt{\cos(x)}}$

8. $3x^2\sin(2x^3)$

9. $\cos(\cos(x))\cdot(-\sin(x))$

10. $\sec^2(\frac{1}{x})\cdot(\frac{-1}{x^2})$

11. $\cos(x^2-1)\cdot 2x$

12. $2\sec^2(ax+b)\tan(ax+b)\cdot a$

13. $\sec^2(x)+\tan^2(x)\sec^2(x)=\sec^4(x)$

14. 記住 $1°=\frac{\pi}{180}$，答：$\frac{\pi}{180}\cos(x°)$

15. $2\sin(x)\cos^4(x)-3\sin^3(x)\cos^2(x)$

$=\sin(x)\cos^2(x)(2\cos^2(x)-3\sin^2(x))$

p.104

1. $\arcsin(x)+\frac{x}{\sqrt{1-x^2}}$

2. $\frac{2a^2-2x^2}{\sqrt{a^2-x^2}}$

3. $\frac{2}{1+x^2}$

4. $\frac{\sin^3(x)}{1+3\cos^2(x)+\cos^4(x)}$

p.106

1. $f(x)=\sin x, f'(x)=\cos x$

$f(x+\Delta x)\approx f(x)+\Delta x f'(x)$

故 $\sin(31°)\approx\sin 30°+1°\cos(30°)$

$=0.5+\frac{\pi}{180}\times\frac{\sqrt{3}}{2}\approx 0.515$

2. $A=6\ell^2,\ V=\ell^3$

$\ell=1$ 公尺，$\Delta\ell=0.001$ 公尺

$\frac{\Delta\ell}{\ell}=0.001$

用對數導微法：

$\ln(A)=2\ln(\ell)+\cdots$

$\ln(V)=3\ln(\ell)$

$$\Rightarrow\begin{cases}\frac{dA}{A}=2(\frac{d\ell}{\ell})\\ \frac{dV}{V}=3(\frac{d\ell}{\ell})\end{cases}$$

3.(1) $f(x)=\sqrt[3]{x},\ f'(x)=\frac{1}{3}x^{\frac{-2}{3}}$

答：$10+\frac{1}{30}=10.03$

(2) $5-\frac{5}{3\times 25}\approx 4.933$

(3) 10.15

(4) $6-\frac{1}{12}\approx 5.9167$

(5) $f(x)=x^{\frac{-1}{2}},\ f'(x)=\frac{-1}{2}x^{\frac{-3}{2}}$

$f(51)\approx f(49)-\frac{1}{2\times 343}\times 2$

$\approx 0.14$

p.108

$x^3-7=0$ 其實就是 $x=\sqrt[3]{7}$

p.120

1.(1)上半面 $y\geq 0$

(2) $\{|x|\leq 1$ 且 $y\geq 1\}$

(3)么盤外 $\{x^2+y^2>1\}$

(4)環域 $1\leq x^2+y^2\leq 4$

(5)由 $y=0$ 與 $y+2x=0$ 所夾的兩對角區，含邊界卻不含原點。以鐘面來說，是從 5.11445 時到 9 點鐘；再從 11.11445 時到 15 點鐘。

2.定義域為除 $x=y=z=0$ 之點外所有 $(x, y, z)$ 之值。

$f(1, -1, 1)=\frac{1}{\sqrt{1^2+(-1)^2+1^2}}=\frac{1}{\sqrt{3}}$

3.(1)① $z=\frac{-y^2-4y}{8+y^2+y}$

② $z=\frac{x^2-6x-7}{x^2-6x+25}$

(2)① $z=y^2-9y-36$

② $z=-4x^2+6x+4$

p.126

1.令 $\theta=xy$，則得 $\lim\theta=0$

則 $\lim_{\theta\to 0}(\frac{\theta}{\sin\theta})=1$

2.因 $\frac{\tan(x)}{\sec(x)}=\sin(x),\ \lim_{x\to\pi/2}\sin(x)=1$

$\lim_{\substack{x\to\pi/2\\ y\to 1}}\cos(xy)=0,\ \lim_{y\to 1}(y^2)=1$

答：1

p.129

1. $\Delta S=\frac{1}{2}(\Delta b\times c\sin A+\Delta c\times b\sin A+bc\cos A\times\Delta A)$

2.(1) $\sqrt{(1+0.02)^3+(2-0.03)^3}$

$=\sqrt{1+8+3\times0.02+3\times2^2\times(-0.03)}$

$=\sqrt{9+0.06(1-6)}$

$=\sqrt{9+(-0.3)}\approx2.95$

(2) $z=f(x,\ y)=x^y$

$\frac{\partial z}{\partial x}=yx^{y-1},\ \frac{\partial z}{\partial y}=x^y\cdot\ln(x)$

$\Delta z=(-0.03)\times1+0=-0.03$

$z+\Delta z=1+(-0.03)=0.97$

答：0.97

p.130

1. $\frac{\partial f}{\partial x}=\frac{2x+y}{2\sqrt{x^2+xy+y^2}}\in C^1$

$\frac{\partial f}{\partial y}=\frac{2y+x}{2\sqrt{x^2+xy+y^2}}\in C^1$

2. $\frac{\partial f}{\partial x}=\alpha e^{\alpha x}\cos(\beta y)\in C^1$

$\frac{\partial f}{\partial y}=-\beta e^{\alpha x}\sin(\beta y)\in C^1$

3. $\frac{\partial f}{\partial x}=e^x\cos^2(y)-2e^y\sin(x)\cos(x)\in C^1$

$\frac{\partial f}{\partial y}=-2e^x\cos(y)\sin(y)-e^y\sin^2(x)\in C^1$

（都沒有問題！）

p.130

1. $\frac{\partial u}{\partial x}=ye^{xy},\ \frac{\partial u}{\partial y}=xe^{xy}$

2. $\frac{y}{x^2+y^2},\ \frac{-x}{x^2+y^2}$

p.132

1. $\frac{\partial z}{\partial x}=\frac{-\frac{y}{x^2}}{1+(\frac{y}{x})^2}=\frac{-1}{2},$

$\frac{\partial z}{\partial y}=\frac{\frac{1}{x}}{1+(\frac{y}{x})^2}=\frac{1}{2},\ z=\frac{\pi}{4}$

切面為

$z-\frac{\pi}{4}=\frac{-1}{2}(x-1)+\frac{1}{2}(y-1)$

2. $dz=dy+\frac{dx}{x}-\frac{dz}{z}=dy+dx-dz$

故 $2(z-1)=(x-1)+(y-1)$

p.134

1.(1) $\frac{dx}{\sqrt{x}}+\frac{dy}{\sqrt{y}}=0$

故 $\frac{dy}{dx}=\frac{-\sqrt{y}}{\sqrt{x}}$

(2) $\frac{2}{3}x^{\frac{-1}{3}}dx+\frac{2}{3}y^{\frac{-1}{3}}dy=0$

$\frac{dy}{dx}=-(\frac{\sqrt[3]{y}}{\sqrt[3]{x}})$

2.(1) $7dx + 14dy = 0$

$$\frac{dy}{dx} = \frac{-1}{2}$$

(2) $(12-3)dx + (3+12)dy = 0$

$$\frac{dy}{dx} = \frac{-5}{3}$$

(3) $\frac{\sqrt{2}}{\sqrt{x}}dx + \frac{\sqrt{3}}{\sqrt{y}}dy = 0$

$$\frac{\sqrt{2}}{\sqrt{2}}dx + \frac{\sqrt{3}}{\sqrt{3}}dy = 0$$

$$\frac{dy}{dx} = -1$$

(4) $(2x - 2\sqrt{y}\frac{1}{2\sqrt{x}})dx$

$$-(2\sqrt{x}\frac{1}{2\sqrt{y}} + 2y)dy = 0$$

$$(16 - \frac{2\sqrt{2}}{2\sqrt{8}})dx - (\frac{2\sqrt{8}}{2\sqrt{2}} + 4)dy = 0$$

$$\frac{31}{2}dx - 6dy = 0$$

$$\frac{dy}{dx} = \frac{31}{12}$$

p.141

1.(1) $f'(x) = 2x + 3$

$$f(0) - f(-1) = 2 - 0 = 2 = f'(\frac{1}{2})$$

$$\xi = \frac{1}{2}$$

(2) $f'(x) = \frac{1}{2\sqrt{x}}$

$$\frac{1-0}{1} = \frac{1}{2\sqrt{x}}$$

$$\sqrt{\xi} = \frac{1}{2} \Rightarrow \xi = \frac{1}{4}$$

(3)不行！有奇異點 $1 \in [0..2]$

(4)奇異點 $0 \in (-1..1)$

(5) $f(0) = 0 = f(\pi)$, $f'(x) = \cos x$

取 $\xi = \frac{\pi}{2}$

2.(1) $f'(x) = 2x^2 - 14x + 24$

$$= 2(x^2 - 7x + 12)$$

$$= 2(x-3)(x-4)$$

$$\begin{cases} f'(x) > 0 \text{ 當 } x < 3 \\ f'(x) < 0 \text{ 當 } 3 < x < 4 \\ f'(x) > 0 \text{ 當 } x > 4 \end{cases}$$

遞增於 $(-\infty..3] \cup [4..\infty)$

遞減於 $[3..4]$

(2) $g'(x) = 4x^3 - 24x^2 = 4x^2(x-6)$

$x \geq 6$ 遞增

$x \leq 6$ 遞減

(3) $h'(x) = 20x^4 + 100x^3 = 20x^3(x+5)$

$x \leq (-5)$ 或 $x \geq 0$ 遞增

$-5 \leq x \leq 0$ 遞減

p.144

1. $f'(x) = 3 - 3x^2 = 3(1 - x^2)$

$f''(x) = -6x$

$f(1) = 2; f(0) = 0, f(2) = -2$

$\max f = f(1) = 2$

$\min f = f(2) = -2$

2. $\max f = f(0) = \sqrt[3]{9}$

$\min f = f(3) = 0$

3. $f'(x) = 2x$

$\min f = f(0) = 2$

$\max f = f(-2) = 6$

4. $\max f = f(4) = 1$

$\min f = f(2) = -1$

5. $f'(x) = 9x^2 - 6, f''(x) = 18x$

$f'(x) = 0 \Rightarrow x = \pm\sqrt{\frac{2}{3}}$

$f(2) = 24 = \max f$

$f(-1) = 15$

$f(\sqrt{\frac{2}{3}}) = -4\sqrt{\frac{2}{3}} + 12 = \min f$

6. $f'(x) = 3x^2 + 2x - 1$

$= (3x-1)(x+1)$

$f(-2) = -2 = \min f$

$f(-1) = 1 = \max f$

$f(1) = 1 = \max f$

$f(\frac{1}{3}) = \frac{1}{27} + \frac{1}{9} - \frac{1}{3} = \frac{1+3-9}{27}$

$= \frac{-5}{27}$

7. $f(x) = |x-2|$

$f(2) = 0 = \min f$

$f(0) = 2 = \max f$

8. 5 次方 = 遞增

故取 $g(x) = x^2 + 4x + 3$

$g'(x) = 2x + 4 = 2(x+2)$

$g(-4) = 3,\ g(-2) = -1,\ g(1) = 8$

$f(1) = 8^5 = \max f$

$f(-2) = -1 = \min f$

9. $f(x) = \sqrt{2}\cos(x - \frac{\pi}{4})$

$f(\frac{\pi}{4}) = \max f = \sqrt{2}$

$f(\frac{\pi}{4} + \pi) = \min f = -\sqrt{2}$

p.146

距離平方 $= x^2 + (x^2-3)^2$

$= X + X^2 - 6X + 9$

$= X^2 - 5X + 9$ $(X := x^2)$

$X = \frac{5}{2} \Rightarrow x = \pm\sqrt{\frac{5}{2}}$

答：$(\pm\sqrt{\frac{5}{2}}, \frac{5}{2})$

若改為 $(0, \frac{1}{2})$

$x^2 + (x^2 - \frac{1}{2})^2 = X + X^2 - X + \frac{1}{4}$

$= X^2 + \frac{1}{4}$，則得 $x = 0$

若改為 $(0, -3)$

$x^2 + (x^2+3)^2 = X + X^2 + 6X + 9$

$X = \frac{-7}{2}$ 不合 $(X \geq 0)$，故取 $X = 0 = x$

p.150

1. $\lim_{x\to 0}\dfrac{-\sin x}{1}=0$

2. $\infty$

3. $\lim[\dfrac{-\sin(x+\frac{\pi}{2})}{1}]=-1$

4. $=\lim[\dfrac{\cos x-\cos x+x\sin x}{2x\sin x+x^2\cos x}]$

$=\lim[\dfrac{x\sin x}{2x\sin x+x^2\cos x}]$

$=\lim[\dfrac{\sin x}{2\sin x+x\cos x}]$

$=\lim[\dfrac{\cos x}{2\cos x+\cos x-x\sin x}]=\dfrac{1}{3}$

5. 1

p.157

1. $f'(x)=4x^3-12x+8$

$=4(x^3-3x+2)$

$=4(x-1)(x^2+x-2)$

$=4(x-1)^2(x+2)$

遞減於 $-\infty<x\leq -2$

$f(-2)=15$ 極小也

遞增於 $x\geq -2$

2. $y=\dfrac{x}{x^2-1}=\dfrac{1}{2}(\dfrac{1}{x-1}+\dfrac{1}{x+1})$

奇函數！只論一側可也

奇異點在 $x=\pm 1$，$x=0$ 反曲點

$x\geq 1$ 凸

$-1<x<0$ 凸

$0<x<1$ 凹

$x<-1$ 凹

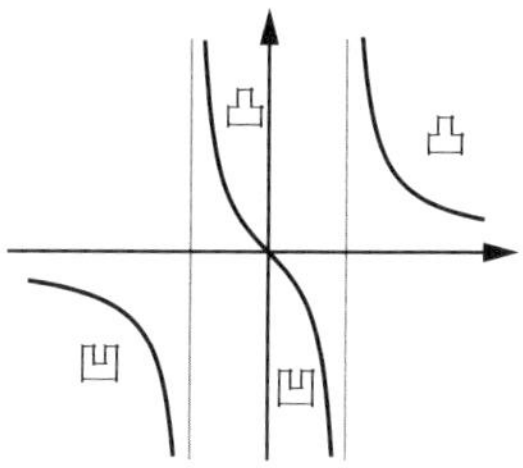

3. $y$ 是奇函數！只論 $x>0$ 一側可也

$x=0$ 算奇異點（沒有定義）

$y'=\dfrac{-1}{x^2+1}$

在 $x>0$ 是遞降

$y''=\dfrac{2x}{(x^2+1)^2}>0$

無反曲點

p.164

1. $f\geq f(-1,\ -2,\ 3)=-14$

2. $f\geq f(\dfrac{1}{2},\ 1,\ 1)=4$

3. $x=y=z=\dfrac{a}{7}$ 極大。等周問題！

4. 極大：$x=y=z=\dfrac{\pi}{2}$，

極小：$x=y=z=0$（或 $\pi$）

5. 正方體

6. $2A:=x\sin(\alpha)\cdot[48-4x+2x\cos(\alpha)]$

$2\dfrac{\partial A}{\partial x}=\sin(\alpha)[48-4x+2x\cos(\alpha)$

$+x(-4+2\cos(\alpha))]=0$

故 $48-8x+4x\cos(\alpha)=0$

$\Rightarrow x\cos(\alpha)=2x-12$

$\frac{\partial A}{\partial \alpha}=x\cos(\alpha)[48-4x+2x\cos(\alpha)]$

$+x\sin(\alpha)(-2x\sin(\alpha))=0$

$\Rightarrow x[\cos(\alpha)(48-4x+2x\cos(\alpha))$

$-2x\sin^2(\alpha)]=0$

$\cos(\alpha)(48-4x+4x-24)=2x\sin^2(\alpha)$

$\Rightarrow 24\cos(\alpha)=2x\sin^2(\alpha)$

$\Rightarrow 24x\cos(\alpha)=2x^2\sin^2(\alpha)$

$\Rightarrow 24(2x-12)$

$=2x^2-2x^2\cos^2(\alpha)$

$=2x^2-2(2x-12)^2$

$=2x^2-2(4x^2+144-48x)$

$\Rightarrow 48x-288=2x^2-8x^2-288+96x$

$\Rightarrow 6x^2-48x=0$，解得 $x=8$

$8\cos(\alpha)=16-12=4$

$\Rightarrow \cos(\alpha)=\frac{1}{2}$

故 $\alpha=\frac{\pi}{3}$

p.180

1. $\int_{-3}^{2}[(9-y^2)-(y+3)]dy=\frac{157}{6}$

2. $A=\int_0^a[(a-y)-(\sqrt{a}-\sqrt{y})^2]dy$

$=\frac{1}{3}a^2$

3. 48

4. $6\pi-\frac{9\sqrt{3}}{2}$

p.186

1. $\frac{2}{3}x^{\frac{3}{2}}\Big|_1^4=\frac{14}{3}$

2. $\frac{1}{2}$

p.190

1.積分常數不寫

(1) $x+\frac{x^3}{3}-3x^2$

(2) $\frac{5}{4}x^4$

(3) $x+\frac{2}{3}x^3+\frac{x^5}{5}$

(4) $\sin x-2\cos x$

(5) $5\arctan(x)$

2.例如 $f=x^2=g$

$\int f=\frac{x^3}{3}=\int g$

而 $\int f\cdot g=\int x^4=\frac{x^5}{5}$

$\neq(\int f)(\int g)=\frac{x^6}{9}$

p.193

$\int\cos^5(x)dx$

$=\int\cos(x)\cos^4(x)dx$（令 $u=\sin(x)$）

$= \int (1-u^2)^2 du$

$= u - \frac{2}{3}u^3 + \frac{u^5}{5}$

$= \sin(x) - \frac{2}{3}\sin^3(x) + \frac{1}{5}\sin^5(x)$

p.196

1. 令 $z^4 = x$，則 $I = \frac{4}{3}z^3 - \frac{4}{3}\ln(z^3+1)$
2. 令 $x = z^{12}$，則 $I = 12\int \frac{z^2+1}{z^3(z+1)}dz$
3. 令 $z^3 = x+1$，則 $I = \int \frac{3z^2 dz}{1+z}$

p.198

1. $(\frac{-x^2-32}{3})\sqrt{16-x^2}$
2. $\frac{1}{a}\arctan(\frac{x}{a})$
3. $\log\frac{\sqrt{1+x^2}-1}{x}$
4. $\sqrt{2}\log(\sqrt{2x^2+3}+\sqrt{2}x) - \frac{\sqrt{2x^2+3}}{x}$
5. $\frac{x}{\sqrt{1-x^2}}$
6. $\frac{x}{2}\sqrt{x^2-2} + \log\left|x+\sqrt{x^2-2}\right|$
7. $\frac{x}{2}\sqrt{a^2-x^2} + \frac{a^2}{2}\arcsin(\frac{x}{a})$
8. $\frac{x}{a^2\sqrt{a^2+x^2}}$

p.205

1. $\frac{-1}{x+1} + \frac{1}{(x+1)^2} - \frac{2}{3(x+1)^3}$
2. $\frac{x^3+1}{x(x-1)^3}$

$= \frac{A}{x} + \frac{B}{(x-1)^3} + \frac{C}{(x-1)^2} + \frac{D}{(x-1)}$

則 $x^3+1$

$= A(x-1)^3 + Bx + Cx(x-1)$

$+ Dx(x-1)^2$

令 $x=0$，則 $-A=1$

$x^3+1+(x-1)^3$

$= 2x^3 - 3x^2 + 3x$

$= x[B + C(x-1) + D(x-1)^2]$

$\Rightarrow B + C(x-1) + D(x-1)^2$

$= 2x^2 - 3x + 3$

令 $x=1$，則 $B=2$

$C(x-1) + D(x-1)^2$

$= 2x^2 - 3x + 1$

$= (2x-1)(x-1)$

$\Rightarrow C + D(x-1) = 2x-1$

故 $C=1$，而 $D=2$

故 $\int \frac{x^3+1}{x(x-1)^3}$

$= -\ln(x) - \frac{1}{(x-1)^2} - \frac{1}{(x-1)}$

$+ 2\ln(x-1)$

3. $\frac{x^3}{(x-1)(x-2)(x-3)}$

$= \frac{A}{x-1} + \frac{B}{x-2} + \frac{C}{x-3}$

於是

$x^3 = A(x-2)(x-3) + B(x-1)(x-3) + C(x-1)(x-2)$

$x=1$，則 $1 = 2A \Rightarrow A = \frac{1}{2}$

$x=2$，則 $8 = -B \Rightarrow B = -8$

$x=3$，則 $2C = 27 \Rightarrow C = \frac{27}{2}$

故 $\int \frac{x^3}{(x-1)(x-2)(x-3)}$

$= \frac{1}{2}\ln(x-1) - 8\ln(x-2) + \frac{27}{2}\ln(x-3)$

p.206

1. $\frac{1}{x^3-1} = \frac{A}{x-1} + \frac{Bx+C}{x^2+x+1}$

$1 = A(x^2+x+1) + (Bx+C)(x-1)$

$x=1$，則 $A = \frac{1}{3}$

$\frac{1}{x^3-1} = \frac{\frac{1}{3}}{x-1} + \frac{Bx+C}{x^2+x+1}$

$\Rightarrow \frac{1}{x^3-1} - \frac{\frac{1}{3}(x^2+x+1)}{x^3-1} = \frac{Bx+C}{x^2+x+1}$

$\Rightarrow \frac{\frac{1}{3}(2-x-x^2)}{x^3-1}$

$= \frac{-\frac{1}{3}(x+2)}{x^2+x+1} = \frac{Bx+C}{x^2+x+1}$

則 $B = \frac{-1}{3}$, $C = \frac{-2}{3}$

$\frac{1}{x^3-1} = \frac{1}{3}(\frac{1}{x-1}) - \frac{x+2}{3(x^2+x+1)}$

$= \frac{1}{3(x-1)} - \frac{(2x+1)+3}{6(x^2+x+1)}$

$= \frac{1}{3(x-1)} - \frac{(2x+1)}{6(x^2+x+1)} - \frac{1}{2(x^2+x+1)}$

$\int \frac{1}{x^3-1}dx$

$= \frac{1}{3}\ln(x-1) - \frac{1}{6}\ln(x^2+x+1) - \frac{1}{2}\sqrt{\frac{4}{3}}\arctan(\sqrt{\frac{4}{3}}(x+\frac{1}{2})) + c$

2. $-\frac{1}{3x^2} + \frac{1}{x} + \arctan(x)$

p.207

1. $\log\frac{x^2-2x+5}{x^2+3} + \frac{5}{2}\arctan(\frac{x-1}{2}) - \frac{2}{\sqrt{3}}\arctan(\frac{x}{\sqrt{3}})$

2. $\frac{1}{\sqrt{2}}\log\frac{x^2+\sqrt{2}x+1}{x^2-\sqrt{2}x+1}$

$+\sqrt{2}\arctan(\frac{\sqrt{2}x}{1-x^2})$

3. $\frac{2x^2+x+3}{(x+1)(x^2+1)}=\frac{A}{x+1}+\frac{Bx+C}{x^2+1}$

$2x^2+x+3$

$=A(x^2+1)+(Bx+C)(x+1)$

$x=-1$，則 $4=-2A\Rightarrow A=2$

$2x^2+x+3-2(x^2+1)$

$=x+1=(Bx+C)(x+1)$

故 $\int\frac{2x^2+x+3}{(x+1)(x^2+1)}dx$

$=2\ln(x+1)+\arctan(x)$

p.209

1. $\frac{x-4}{3(x^2+x+1)}+\frac{2}{3\sqrt{3}}$

$=\arctan(\frac{2x+1}{\sqrt{3}})$

2. $2\ln(\frac{x+4}{x+2})-\frac{5x+12}{(x+2)(x+4)}$

3. $\frac{1}{4}\ln(\frac{x^2+1}{(x+1)^2})+\frac{x-1}{2(x^2+1)}$

p.212

$\varphi(x,\ y)=x^2+y^2+2\arcsin(\frac{x}{y})+c$

p.213

$\varphi=\frac{x^3}{y^2+z^2}$

p.221

1. $\int_1^2\frac{dy}{(x+y)^2}=\frac{-1}{x+y}\bigg|_{y=1}^{y=2}$

$=(\frac{1}{x+1}-\frac{1}{x+2})$

$\int_0^1(\frac{1}{x+1}-\frac{1}{x+2})dx$

$=\ln(\frac{x+1}{x+2})\bigg|_0^1$

$=\ln(\frac{2}{3})-\ln(\frac{1}{2})$

$=\ln(\frac{4}{3})$

2. $\int_0^{2\pi}y^2\sin(xy)dx=-y\cos(xy)\big|_{x=0}^{x=2\pi}$

$=y-y\cos(2\pi y)$

$\int_0^1 ydy=\frac{1}{2}$

而 $\int_0^1 y\cos(2\pi y)dy$

$=\int_0^1(1-z)\cos(2\pi(1-z))dz$

$=\int_0^1(1-y)\cos(2\pi y)dy$

$=\frac{1}{2}\int\cos(2\pi y)=0$

答：$\iint_\Omega y^2\sin(xy)dxdy=\frac{1}{2}$

p.222

$$I^2 = \iint e^{-(x^2+y^2)} dxdy = \iint e^{-r^2} r dr d\theta$$

$$= 2\pi \int_0^{\infty} e^{-r^2} r dr = \pi$$

$$I = \sqrt{\pi}$$

p.224

1. $\frac{dy}{dx} = \frac{x}{y} \Rightarrow ydy = xdx$

   $y^2 - x^2 = c$

2. $e^{-y} dy = e^x dx$

   $e^x - e^{-y} = c$

3. $\arctan(y) = \arctan(x) + c$

   即 $y - x = c_1(1 + xy)$

4. $y + x = c_1(1 + xy)$

5. $\int ydy = \int (\sin(x) + x) dx$

   $\frac{y^2}{2} = \frac{x^2}{2} - \cos(x) + c$

6. $\frac{dy}{dx} = -(1 + y)e^x$

   $\frac{dy}{1 + y} = -e^x dx$

   $\ln(1 + y) = e^{-x} + c$

7. $\frac{dy}{y - y^2} = \frac{dx}{x} = dy(\frac{1}{y} + \frac{-1}{y - 1})$

   $x = c(\frac{y}{y - 1})$

p.225

1. $x^2 + 2xy + 2y^2 = c$
2. $y^3 + 3x^2 y = c$
3. $xy^2 = c(2y + x)$
4. $y = \frac{2x + ax^4}{1 - ax^3}$

# 索引

ㄊ



ㄌ



ㄍ



ㄎ



ㄏ

## N



## P



## S



## T



## 記號

# 數學拾穗

蔡聰明／著

本書收集蔡聰明教授近幾年來在《數學傳播》與《科學月刊》上所寫的文章，再加上一些沒有發表的，經過整理就成了本書。全書分成三部分：算術與代數、數學家的事蹟、歐氏幾何學。最長的是第 11 章〈從畢氏學派的夢想到歐氏幾何的誕生〉，嘗試要一窺幾何學如何在古希臘理性文明的土壤中醞釀到誕生。最不一樣的是第 9 章〈音樂與數學〉，也是從古希臘的畢氏音律談起，把音樂與數學結合在一起，所涉及的數學從簡單的算術到高深一點的微積分。其它的篇章都圍繞著中學的數學核心主題，特別著重在數學的精神與思考方法的呈現。

國家圖書館出版品預行編目資料

簡易微積分／楊維哲著.－－初版一刷.－－臺北市：
三民，2020
　面；　公分

ISBN 978-957-14-6717-7（平裝）
1.微積分

314.1　　108015531

# 簡易微積分

作　　者　楊維哲
責任編輯　王敬淵
美術編輯　陳祖馨

發 行 人　劉振強
出 版 者　三民書局股份有限公司
地　　址　臺北市復興北路 386 號 ( 復北門市 )
　　　　　臺北市重慶南路一段 61 號 ( 重南門市 )
電　　話　(02)25006600
網　　址　三民網路書店 https://www.sanmin.com.tw

出版日期　初版一刷 2020 年 4 月
書籍編號　S317290
I S B N　978-957-14-6717-7



三民書局